B. M. Maleen Rajapaksha
R. A. Maithreepala
H. B. Asanthi

Qualidade da água e biologia das fontes termais de Mahapelessa, Sri Lanka

AF320233

B. M. Maleen Rajapaksha
R. A. Maithreepala
H. B. Asanthi

Qualidade da água e biologia das fontes termais de Mahapelessa, Sri Lanka

ScienciaScripts

Imprint

Any brand names and product names mentioned in this book are subject to trademark, brand or patent protection and are trademarks or registered trademarks of their respective holders. The use of brand names, product names, common names, trade names, product descriptions etc. even without a particular marking in this work is in no way to be construed to mean that such names may be regarded as unrestricted in respect of trademark and brand protection legislation and could thus be used by anyone.

Cover image: www.ingimage.com

This book is a translation from the original published under ISBN 978-3-659-85996-0.

Publisher:
Sciencia Scripts
is a trademark of
Dodo Books Indian Ocean Ltd. and OmniScriptum S.R.L publishing group

120 High Road, East Finchley, London, N2 9ED, United Kingdom
Str. Armeneasca 28/1, office 1, Chisinau MD-2012, Republic of Moldova, Europe
Printed at: see last page
ISBN: 978-620-8-33790-2

Copyright © B. M. Maleen Rajapaksha, R. A. Maithreepala, H. B. Asanthi
Copyright © 2024 Dodo Books Indian Ocean Ltd. and OmniScriptum S.R.L publishing group

Índice

Abreviaturas

Symbol	Term
°C	Degree Celsius
µm	Micro meters
A	Hot water spring
As	Arsenic
B	Intermediate hot water spring
C	Normal well
CO_2	Carbon dioxide
DO	Dissolved Oxygen
E	Eastern
EDTA	Ethylenediaminetetraacetic acid
F	Fluorine
Ft	Feats
H_2S	Hydrogen Sulfide
Km	Kilo meters
L	Liters
Li	Lithium
M	Meters
mgL^{-1}	Milligrams per liters
Ml	Milliliters
mL^{-1}	Per milliliters
Mm	Millimeters
mm^2	Square millimeters
mm^3	Cubic millimeters
$mmol\ L^{-1}$	Millimoles per liters
mS/m	Millisiemens per meter
mV	Millivolts
N	Northern
Na_2EDTA	Disodium Ethylenediaminetetraacetic acid
pH	Power of Hydrogen
Ppm	Parts per million
Ppt	Parts per thousand
UK	United Kingdom
USA	United States of America
UV	Ultra violet

Agradecimentos

Gostaria de expressar o meu grande apreço ao Dr. R.A. Maithreepala, professor catedrático do Departamento de Limnologia e também chefe do Departamento de Limnologia da Faculdade de Pescas e Ciências Marinhas e Tecnologia da Universidade de Ruhuna, meu supervisor de investigação, pelas suas sugestões valiosas e construtivas durante o planeamento e desenvolvimento deste trabalho de investigação. A sua disponibilidade para disponibilizar o seu tempo de forma tão generosa foi muito apreciada.

Gostaria também de agradecer à Dra. H.B. Asanthi, professora catedrática do Departamento de Limnologia, minha co-orientadora, pelos seus conselhos e assistência para manter o meu progresso dentro do prazo. Deu-me uma grande ajuda na identificação de microrganismos neste trabalho de investigação, desde o início até ao fim.

Gostaria de expressar a minha profunda gratidão ao Prof. Thilak P.D. Gamage, Diretor da Faculdade de Pescas e Ciências e Tecnologias Marinhas da Universidade de Ruhuna, que me autorizou a prosseguir a minha investigação sem qualquer problema. Os meus agradecimentos são também extensivos ao Dr. K.R. Gamage, que me deu a oportunidade de utilizar o microscópio de luz fotográfica para efeitos de investigação.

Gostaria de agradecer ao Dr. P.N. Ranasinghe, ao Sr. Gayantha Kodikara, ao Sr. Pandula Kirinde Arachchige, ao Sr. Kelum Sanjaya e à Sra. Chandani Chalanika pela sua contribuição para as visitas de campo e pela sua paciente orientação nesta investigação. Os meus agradecimentos são também extensivos aos Srs. Tilanka Madhushanka e Nuwan Pannilawithana pela sua ajuda na disponibilização dos recursos laboratoriais para a execução do programa. Agradeço a todos os outros membros do pessoal dos três departamentos da faculdade, que me ajudaram a concluir com êxito a minha investigação.

Gostaria de agradecer ao Sr. A.L. Jayasiri, a outro pessoal não académico do Departamento de Limnologia, ao Sr. L.A.N.T. Weerasinghe, e a todos os membros do pessoal não académico da Faculdade de Pescas e Ciências Marinhas e Tecnologia pelo seu grande apoio para o sucesso das minhas experiências laboratoriais.

Gostaria de agradecer a várias pessoas pelo seu valioso apoio: o Sr. U.G. Piyadasa, Presidente do Gabinete de Turismo de Ruhunu, na província do Sul, que deu autorização, e o Sr. M.M.P. Dharmasiri, coordenador do projeto do Gabinete de Turismo de Ruhunu, o Sr. A.J.S.P.D. Mahesh e o Sr. K.V.B. Priyantha ajudaram-me a iniciar a minha investigação na nascente de água quente de Mahapelessa. Gostaria também de agradecer aos aldeões que me deram a oportunidade de recolher amostras de água de um poço normal na zona de Mahapelessa.

Agradeço do fundo do coração aos meus queridos pais e às minhas duas irmãs pelo seu encorajamento entusiástico para encontrar o meu sucesso e por me ensinarem a agir corretamente na minha vida. Também me deram o máximo apoio para concluir a minha investigação com muito êxito.

Gostaria de agradecer aos meus amigos A.M.K.A. Bandara, Abhisheka Jayarathne, Suresh Perera, Wasana Jayasundara, Thejani Balawardana, Sanjaya Weerakkodi, Tharanath Ambillapitiya, S.M. Wijerathne, M.S.S. Sandamini e Kasun Madhushanka que me deram um enorme apoio nas visitas de campo e nas experiências laboratoriais. Gostaria de agradecer ao Sr. K.K.U. Priyankara que cedeu um computador portátil para a realização da tese.

Por último, gostaria de apresentar um agradecimento muito especial a Wathsala Kumari, que sempre me apoiou, me levou para a frente e me encorajou em todos os momentos, além de me ter dado motivação e um enorme apoio durante todo o período da minha investigação.

Muito obrigado a todas as pessoas que me ajudaram a completar a minha investigação na altura certa e com sucesso. Obrigado a todos ..... !!!

Resumo

Uma das principais zonas de águas termais do Sri Lanka situa-se em Mahapalassa, no distrito de Hambanthota. Devido à falta de estudos sobre as propriedades biológicas e físico-químicas das fontes termais, este estudo foi concebido como um estudo preliminar da água quente. Foram selecionadas duas fontes termais (A & B) e um poço normal (C) localizados a uma distância de 300 m da fonte termal. Foram recolhidas amostras de água das camadas superficial, média e inferior dos poços quinzenalmente entre agosto e outubro de 2013 para a análise da qualidade da água e a água foi filtrada com uma malha de 30 mm da coluna vertical do fundo à superfície para análise da biologia.

Os valores médios de temperatura foram $44,1 \pm 0,5^0$ C, $33,6 \pm 1,0^0$ C e $27,8 \pm 0,7^0$ C respetivamente nos locais A, B e C. Não houve diferença significativa de pH, DO e concentrações de fosfato entre as 3 fontes de água. No entanto, a salinidade, o nitrato e a dureza total nos locais A e B foram significativamente diferentes do local C ($p<0,05$, post hoc) e a condutividade foi significativamente diferente entre as 3 fontes de água. Várias espécies de fitoplâncton (i.e. Spirogyra sp., Gloecapsa sp., Elakatothrix sp., Scenedesmus sp.) e zooplâncton sp. (Keratella sp., Moina sp.) foram identificadas apenas no local A e podem ser consideradas como espécies indicadoras da temperatura da água acima de 40^0 C. Além disso, os organismos como Lyngbya sp, Amoeba sp., Harpacticoid e Nematodes foram observados apenas no local B com uma temperatura média de $33,6^0$ C. A alga verde azul filamentosa Nostoc sp. foi encontrada apenas na água normal do poço devido à sua elevada sensibilidade à temperatura da água ou a qualquer outra razão específica. O organismo relativamente mais abundante, Paramecium sp., apresenta uma correlação negativa significativa entre a temperatura da água e a sua abundância nas fontes de água ($r^2 = 0,832$).

Palavras chave: Fontes termais, Espécies indicadoras, Propriedades físico-químicas

CAPÍTULO 1

Introdução

1.1. Fontes de água quente no mundo

Geralmente, as nascentes de água quente localizam-se em todo o mundo em zonas geológicas especiais, principalmente perto de regiões vulcânicas. As fontes de água quente mundialmente famosas estão localizadas nos Estados Unidos da América, Reino Unido, Canadá, Islândia, Nova Zelândia, Japão, Itália, etc. (Ranasinghe, 2005).

O Parque Nacional de Yellowstone, nos EUA, é a maior área de fontes termais e géiseres do mundo. É o primeiro parque nacional de géiseres, fontes de água quente e outras actividades vulcânicas do mundo. Outras fontes termais famosas são o Parque das Montanhas Rochosas no Canadá, o Parque Nacional Real no Reino Unido, Pamukkale na Turquia e Beppu no Japão (Ranasinghe, 2005). A água de muitas fontes termais é neutra ou alcalina devido ao bicarbonato, outro grande grupo de fontes termais consiste numa solução de diluição de ácido sulfúrico com valores de pH baixos (2-4) e algumas fontes termais são águas mistas de cloreto e sulfato, geralmente com pH entre 4-6 (Saha, 1993).

As nascentes de água quente na Índia estão espalhadas por todo o país e ocorrem solitárias ou em grupos, a diferentes altitudes que vão desde o nível do mar até quase três mil metros acima do nível do mar. As primeiras investigações sobre as nascentes de água quente na Índia foram efectuadas principalmente com base nas suas propriedades medicinais. A importância das nascentes de água quente e o catálogo exaustivo das nascentes de água quente indianas foram preparados e foram registadas mais de trezentas nascentes de água quente espalhadas em diferentes partes do país (Saha, 1993).

1.2. Origem das nascentes de água quente

As fontes termais são uma caraterística muito importante do mundo, porque a água quente vem da terra como uma nascente. Gilbert (1975) revelou que as únicas fontes termais que excederam a temperatura média anual da atmosfera em -9,4 °C. Meinzer (1923) referiu que as fontes termais têm a temperatura do ambiente circundante. Estas podem ser subdivididas em fontes quentes e mornas, que são mais altas e mais baixas do que a temperatura do corpo humano, respetivamente. De acordo com a temperatura, a classificação das nascentes de água quente é diferente de país para país, uma vez que a água a 20-30°C é considerada água termal pela Islândia, enquanto a Índia é considerada uma nascente de água quente (Saha, 1993). As nascentes de água quente ocorrem geralmente nas quatro áreas geologicamente caraterísticas seguintes. Por exemplo, ao longo de falhas, fissuras, zonas de cisalhamento; ao longo do plano de contacto de dois tipos de rocha adjacentes; ao longo de cavidades de solução; ao longo do nariz de dobras (Saha, 1993).

As águas subterrâneas, a principal fonte de água quente, derivam principalmente da chuva e da água à superfície que se infiltra na subsuperfície ao longo de fracturas, vazios, juntas ou falhas das rochas (Piyadasa, et al., 2011). Os sistemas hidrogeotérmicos estão ligados à litosfera global e aos ciclos hidrológico e atmosférico do ambiente. Geralmente, três factores importantes controlam a produção de nascentes de água quente, incluindo a água subterrânea, as fontes de calor e as rochas radioactivas. O principal processo de produção de águas termais é a água meteórica que traz o calor do interior para a superfície através de um caminho permeável do aquífero. A principal fonte de calor provém de magmas no interior da crosta que se intrometem em níveis mais superficiais a partir de áreas instáveis, tais como cinturas vulcânicas activas ou zonas de falhas (Fonseka, 1994).

Por vezes, pode ocorrer a partir de rochas que contêm elementos radioactivos. De acordo com o caudal, podem ser classificados em fontes termais e géisers. Existe pressão suficiente para fazer subir a água de um géiser. Mas não existe uma pressão elevada numa nascente de água quente.

1.3. Fonte de calor ou de energia térmica

Geralmente, a temperatura da água nas nascentes de água quente representa que esta sai de uma profundidade significativa abaixo da superfície. Existem vários tipos de fontes que provocam o aumento da temperatura da água. (Figura: 1.2)

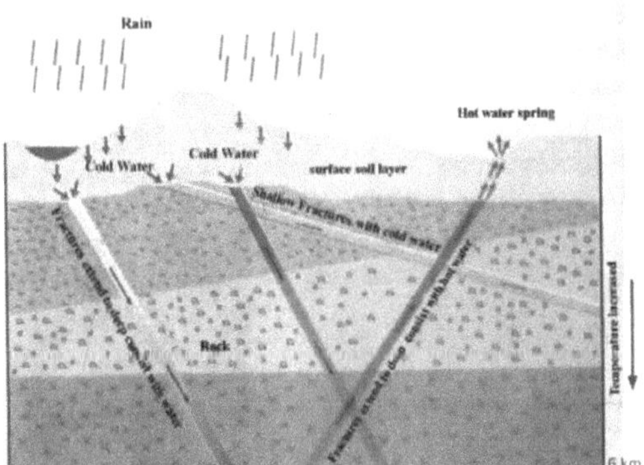

Figura 1.1: Mecanismo de formação de água quente por gradiente geotérmico (Fonte: Ranasinghe, 2005)
Quando estas águas subterrâneas percolam para o interior da terra através de fracturas, podem provocar um aumento do calor devido ao gradiente geotérmico. Como resultado, a densidade da água percolada diminui. Por vezes, a água pouco densa sai através das fracturas, formando uma nascente de água quente. Nessa altura, pode ocorrer um gradiente geotérmico de 25-30° C quando a água percola na terra (Ranasinghe, 2005).

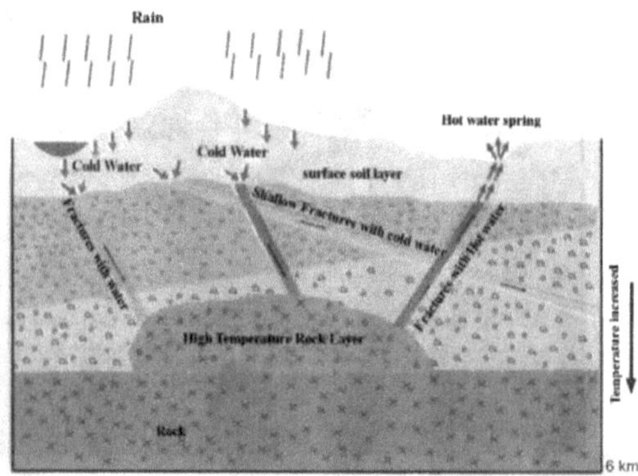

Figura 1.2: Mecanismo de formação de água quente devido ao aquecimento de rochas (Fonte: Ranasinghe, 2005)

Quando a água flui através de fracturas fechadas para a câmara de magma líquido ou para a camada de rocha de arrefecimento que estão localizadas perto da superfície da terra. A água subterrânea é aquecida. Depois, esta água aquecida e menos densa sai através das fracturas da crosta terrestre formando fontes termais (Ranasinghe, 2005). Caso contrário, o magma transfere o seu calor diretamente para as águas subterrâneas através da participação direta do fluido magmático, como acontece na Islândia, na Nova Zelândia e no Japão. Também se pode encontrar uma grande quantidade de CO_2, H_2S, Li, B, F, As, etc. na água e uma quantidade significativa de calor é subscrita pela contribuição ativa do fluido magmático (Saha, 1993).

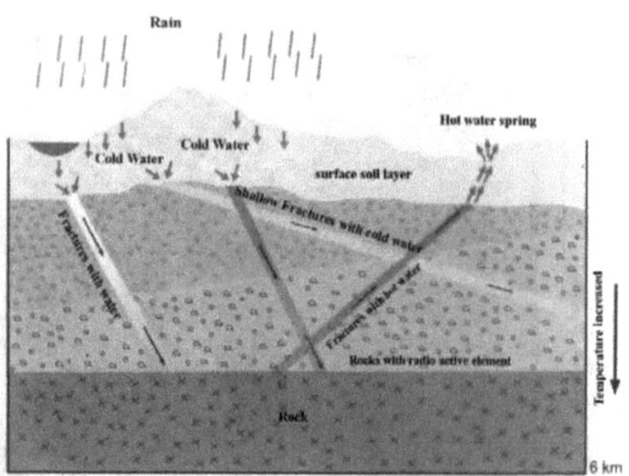

Figura 1.3: Mecanismo de formação de água quente devido a elementos radioactivos (Fonte: Ranasinghe, 2005)

Por vezes, os elementos radioactivos que se encontram nas camadas rochosas emitem raios. Estes raios

8

emissores podem aquecer a água subterrânea que é transportada através de fracturas. Como resultado, podem formar-se fontes termais através da ejeção de água quente pelas fracturas (Ranasinghe, 2005).

1.4. Qualidade da água das nascentes de água quente

Geralmente, a água das fontes termais é básica e, nalgumas fontes termais, a água é ácida. O conteúdo químico da água nas fontes termais muda de acordo com a composição química das rochas que estão situadas no caminho do fluxo de água quente. Quando a temperatura da água aumenta, provoca o aumento da taxa de dissolução dos minerais. Por isso, pode ser uma razão para aumentar o valor herbal da água nas fontes termais (Fonseka, 1995).

A salinidade das águas termais é normalmente mais elevada do que a da água doce normal. Mas algumas têm uma quantidade muito elevada de sal. A fonte de água quente islandesa tem a salinidade mais elevada do mundo. (1500 ppm) (Saha, 1993). Muitas vezes, muitas nascentes de água quente emitem sulfureto dissolvido na água que é convertido em H_2S por bactérias anaeróbicas que vivem na água quente. Mas não há quaisquer maus cheiros emitidos pelas nascentes de água quente do Sri Lanka (Fonseka, 1995).

1.5. Biologia da fonte de água quente

Saussure (1976) descobriu que tanto os animais como as plantas em algumas fontes termais europeias no final do século XVIII. É cada vez mais evidente que a biota das fontes termais é mais resistente ao calor do que outros organismos.

Foram formuladas duas hipóteses para a origem da flora termal. Uma das hipóteses, denominada hipótese Relict, descrevia que as cianofíceas e as bactérias termofílicas eram os antepassados da nossa flora termofílica moderna e que a crosta terrestre devia estar coberta de águas quentes e altamente mineralizadas (Weed 1889, citado em Saha 1993).

A segunda hipótese alternativa sugerida por Vouk (1923) é que a capacidade dos grupos de algas de aparecerem a uma temperatura mais elevada é uma adaptação termofílica e todas as cianofíceas termofílicas podem ter sido "adaptadas secundariamente" a este ambiente. Para além disso, as Bacillariophyceae, Cyanophyceae e Chlorophyceae também existem a várias temperaturas em água quente, o que se opõe ao carácter termofílico atribuído apenas às Cyanophyceae (Saha, 1993).

Existem diferenças significativas de ideias entre os investigadores quanto à origem da fauna de águas quentes. A fauna das fontes de água quente tem sido originária de lagoas salgadas e estuários e também poucos organismos têm origem em habitats de água doce (Issel, 1908).

1.5.1. Flora e Fauna em fontes termais

9

Quando se considera a flora das nascentes de água quente, verifica-se que estas são quase inteiramente constituídas por algas e são maioritariamente formadas por membros das Myxophyceae (algas verdes azuis). Estas representam os organismos do grupo mais tolerante ao calor que se encontra no ambiente. As algas viviam numa nascente de água quente da Islândia a uma temperatura de 98 C (Flourens 1846, citado em Saha 1993), para além das algas nas nascentes de água quente da Califórnia a 93 °C (Brewaer 1866, citado em Saha, 1993).

Setchell efectuou estudos exaustivos sobre as algas do Parque de Yellowstone e indicou que o intervalo de temperatura superior para as algas era de 75-77° C (Setchell, 1903). Elenkin (1914) mencionou que o limite superior é de 85° C para as algas verdes azuis. *Oscillatoria* sp. pode viver a temperaturas entre 33 - 58°C (Mason, 1939). De acordo com um estudo efectuado numa nascente de água quente no Japão, a *Oscillatoria formosa* pode ser encontrada a 75°C (Saha, 1993).

A primeira alga termal registada foi encontrada na Índia em 1886. Depois disso, os cientistas começaram a fazer investigação sobre algas em nascentes de água quente (Saha, 1993). Drouet (1938) registou doze espécies de Myxophyceae em nascentes de água quente a temperaturas entre 22,6 - 52,5° C na nascente de Kyam a uma altitude de 15630 pés. (Gonzalves, 1947) investigou catorze espécies de Myxophyceae a temperaturas entre 34 - 57,5° C e duas espécies de Bacillariophyceae a 40°C em nascente de água quente em Vajreswari.

Saha (1993) referiu que Oscillatoria formosa, Synechococcus curtus, Fischerella thermalis e *Anabaena* sp. se apresentavam a intervalos de temperatura de 53,8 - 55,8°C nas nascentes de água quente de Agnano, Itália. A produtividade primária ao longo do gradiente térmico foi medida nas nascentes de água quente do Monte Lassen e do Parque Nacional de Yellowstone nos Estados Unidos da América em 1966 e foram registadas duas mil espécies de diatomáceas e vários géneros de outras algas nas nascentes de água quente da Islândia.

Fauna (peixe) que viveu em água quente a uma temperatura de 82° C nas Filipinas (Sonneret, 1974). Mas a temperatura da água de 50°C foi fatal para rotifera e Tardigrada (Doyere, 1942). Existe muito pouca literatura disponível sobre a fauna das nascentes de água quente europeias. Nas nascentes de água quente em Itália, os protozoários são os mais resistentes entre os animais e os Rhizopods têm sucesso em nascentes de água quente entre 51 e 54,5° C, *Hydroscapha* e *Bidessus* podem ser observados a uma temperatura de 43 - 46° C nas nascentes de água quente do Arizona (Schwarz, 1914).

Um nemátodo de *Dorylaimus atralus* foi registado a 40 - 45° C e *Monunchus brachyuris* a 25° C em água quente (Hofmanner e Menzel, 1915). Foram registados dípteros, hemípteros e coleópteros nas nascentes de água quente da Nova Zelândia (Stoner, 1923). Onze espécies de nemátodos foram registadas em fontes de água quente com temperaturas entre 30,5 e 40° C no Parque Nacional de Yellowstone e, entre elas, *Dorylaimus thermae, icrolaimoides setosus* e *Chromadora nanna* estão adaptadas à água quente (Hoeppli, 1931).
O quadro 1.2 apresenta as espécies diferentes e os seus limites de temperatura.

Category	Species	Temperature/°C
Protozoa	*Amoeba limax*	52.0
Rotifer	*Notommata najas*, var. *thermalis*	45.0
Mollusca	*Neritina thermophile*	52.0
Crustacea	*Cypris balnearia*	51.0
Arachnida	*Hydrachna cruenta*	46.0
Insect	*Paracymus subcupreus*	45.7
	Odontomya sp.	44.0
Amphibia	*Rana esculenta*	36.0 – 44.0
Reptilia	Turtles	36.0 – 44.0
Fishes	-	44.0

Tabela 1.1: Espécies em fontes de água quente e sua temperatura tolerante

Fonte: (Hoeppli, 1931)

Schwade (1936) foi a primeira pessoa a apresentar uma pequena descrição da fauna das nascentes de água quente na Islândia. Uyemura (1936) referiu que vários protozoários vivem nas nascentes de água quente do Japão a temperaturas entre 36 -40° C. No entanto, os estudos limnológicos das nascentes de água quente na Índia foram introduzidos por Saha (Saha, 1993). No que respeita às nascentes de água quente no Sri Lanka, não foram efectuados quaisquer estudos sobre o estado biológico das nascentes. Apenas foram apresentados alguns estudos geológicos e físico-químicos. Por conseguinte, é importante estudar os componentes biológicos das nascentes de água quente e a qualidade da água como valores de referência para as nascentes selecionadas no Sri Lanka.

1.6. Fontes de água quente no Sri Lanka

Existem nove nascentes de água quente reconhecidas no Sri Lanka em Rankihiriya, Galwewa (Nelumwewa), MahaOya, Marangala, Kiwulegama (Jayanthiwewa), Kinniya, Kapurulla, Wahawa, Mahapelessa e Muthugalwela (Fonseka, 1995). De acordo com a geologia do Sri Lanka, existem três tipos principais de complexos denominados complexo Vijayan, complexo Highland e complexo Wanni. Todas as nascentes de água quente encontram-se nas unidades geológicas totalmente diferentes dos complexos Highland e Vijayan no Sri Lanka. Estas fontes termais distribuem-se ao longo de uma estreita faixa de terras baixas orientais que vai de Hambantotata a Trincomalee, dentro dos limites de duas unidades geológicas principais - os complexos Highland e Viyayan (Piyadasa et al., 2011). O Quadro 1.1 apresenta alguns pormenores de algumas nascentes de água quente no Sri Lanka.

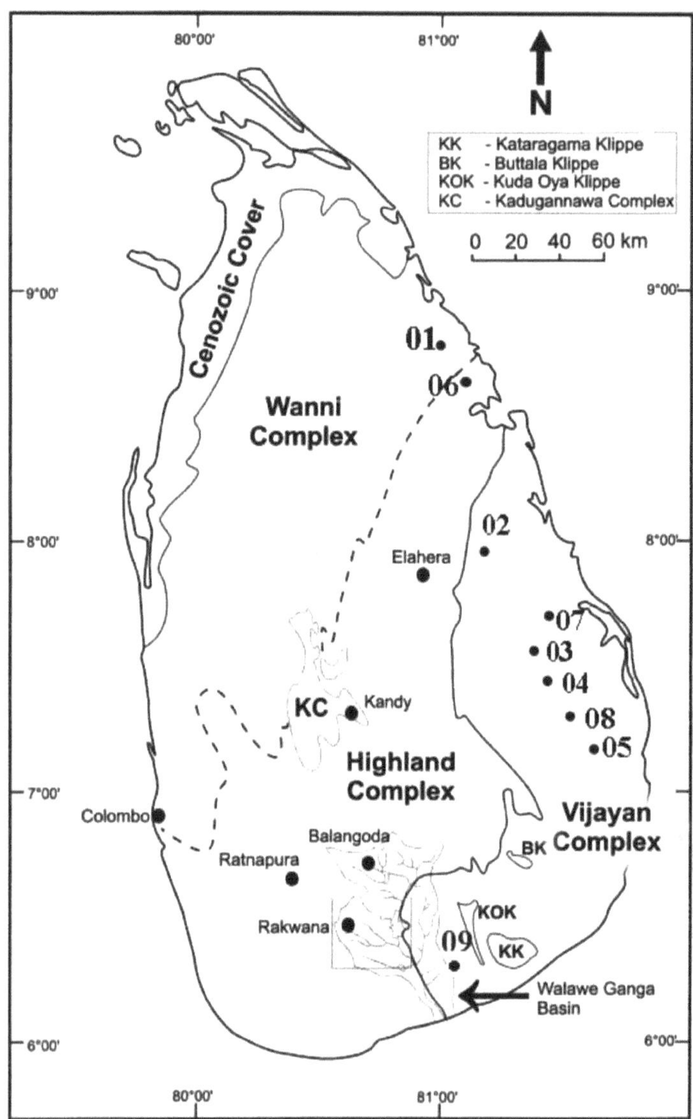

Figura 1.4: Complexos geológicos do Sri Lanka (Fonte: Ranasinghe, 2005)

Quadro 1.2: Fontes de água quente no Sri Lanka

No	Name	Temperature (°C)	Description
1	Rankihiriya	42	In between Gomarankadawala Thiriyaya road at north direction to the Trincomalee.
2	Galwewa (Nelum wewa)	62	In between Polonnaruwa Batticaloa road at east direction to the Manampitiya.
3	MahaOya	54	In between MahaOya, Padiyathalawa road and 3.2 km away from the MahaOya. There are three wells.
4	Marangala	44	It is very close to the Padiyathalawa, can be reached from Padiyathalawa Mahiyanganaya road. There is low temperature water that emit from 18 wells.
5	Kiwulegama (Jayanthi wewa)	34	Closed to the Ampara, Jayanthiwewa in Wadinagala area.
6	Kinniya	42	Closed to the Trinco Anuradhapura main road and 8 km away from the Trinco town. There are 7 wells.
7	Kapurulla	55	In between MahaOya, Batticolo road. Should be turned near from 157 miles post.
8	Wahawa	Not recorded	This spring has been inundated to the Senanayaka Samudraya.
9	Mahapelessa	44	9 km away from Sooriyawewa town. National metric coordinates 226.628 km- 117.143 km.
10	Muthugalwela	Not recorded	Not recorded

(Fonte: Ranasinghe, 2005)

Estas nascentes de água quente são manifestações à superfície de fontes de calor (energia) ocultas no subsolo, tais como um enorme corpo de rochas quentes e secas, zonas de fratura em profundidade ou câmaras de magma ocultas (Fonseka, 1994). As rochas quentes secas são naturalmente aquecidas e as rochas cristalinas encontram-se abaixo das áreas superficiais onde o gradiente geotérmico é duas ou três vezes maior do que o normal e serão fonte de energia geotérmica (Piyadasa et al., 2011).

1.7. Fonte de água quente de Mahapelessa no Sri Lanka

A fonte termal de Mahapelessa está localizada nas planícies do sul. A precipitação anual na área de

Mahapelessa é de 950 a 1500 mm, proveniente das monções do sudeste. A estrutura geológica da fonte termal de Mahapelessa era completamente diferente. Geologicamente, os depósitos aluviais quaternários não consolidados cobriam extensivamente a área das nascentes termais e vários pequenos afloramentos estão expostos esporadicamente nas nascentes termais e nas suas proximidades. As análises geoquímicas das águas termais de Mahapelessa revelam que pertencem ao tipo de água aquecida a vapor com teores de sulfato bastante elevados em relação às normas recomendadas (Piyadasa et al., 2011). De acordo com o estudo geofísico da área de Mahapelessa, existe uma fratura a cerca de 6 km de distância ao longo das direcções norte e sul e outra fratura ao longo das direcções nordeste e sudoeste. Devido à elevada concentração de hidrogénio na água, esta fratura apresenta mais de 10 km de profundidade. A água infiltra-se na terra a cerca de 3 km através desta fratura e aquece a uma temperatura de cerca de 103° C, voltando à superfície da terra através das fracturas (Ranasinghe, 2005).

1.9. OBJECTIVOS

- Determinação das variações temporais e espaciais dos parâmetros físico-químicos em fontes de água quente selecionadas.
- Identificação da flora e da fauna em nascentes selecionadas

CAPÍTULO 2

Materiais e métodos

2.1:   Descrição da zona de estudo

A nascente de água quente de Mahapelessa é apenas uma nascente de água quente, localizada no distrito de Hambantota, província do sul do Sri Lanka. Por isso, selecionei esta nascente de água quente para o meu estudo. A nascente de água quente fica a cerca de 9 km da cidade de Sooriyawewa e a cerca de 250 km de Colombo. A principal é designada por local (A). A outra é a fonte termal intermédia (local B), situada a cerca de 250 m da fonte termal principal. Um dos poços normais foi selecionado na mesma localização geológica, a 300 m. Foi selecionado como controlador do meu estudo. Mais pormenores sobre os locais foram mencionados na tabela seguinte e também a localização geológica dos locais foi expressa no mapa abaixo.

Quadro 2.1: Localização geológica e descrição dos três locais selecionados para o estudo.

Site	Location	Description
Main spring (A)	06°15'13.04"N 80°58'54.12"E	Mahapelessa hot water spring, wall of the well and surrounding area were constructed. There are five peripheral tanks; those are interconnected with the hot water spring by hole on the wall.
Intermediate spring (B)	06°15'14.17"N 80°59'1.81"E	Mahapelessa intermediate hot water spring, wall of the well was constructed.
Normal spring (C)	06°15'21.82"N 80°58'56.53"E	Normal well. There were no any constructions.

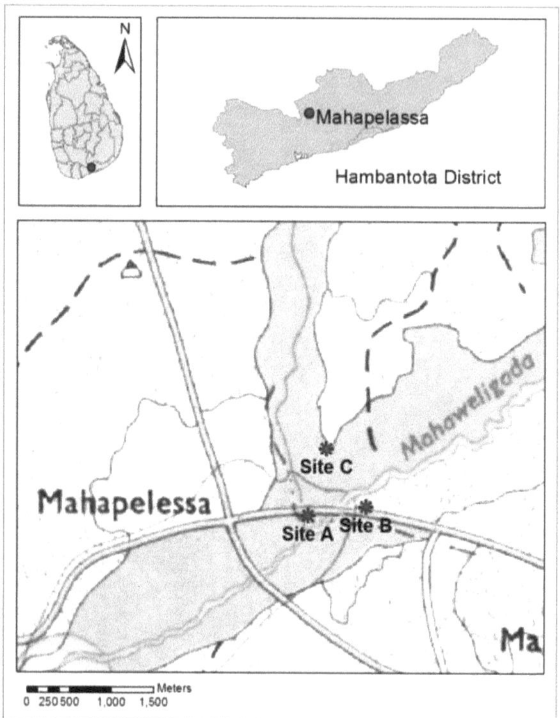

Figura: 2.1: Localização dos sítios

2.2: Determinação dos parâmetros físico-químicos

A salinidade, a condutividade, o oxigénio dissolvido, a temperatura e o pH foram medidos de acordo com os parâmetros do local (Quadro 2.2). As amostras de água das camadas superficial, média e inferior foram recolhidas em garrafas previamente lavadas e mantidas em gelo até à chegada ao laboratório para análise. Em seguida, as amostras de água foram filtradas em papéis de filtro de nitrocelulose. A concentração de nitrato na água foi medida através do método do salicilato de sódio. No início, 10 mL de amostras de água foram misturados com salicilato de sódio e secos em estufa durante a noite. Finalmente, a absorvância foi medida utilizando um espetrofotómetro (Tabela 2.2). A concentração de fosfato foi medida utilizando o método do ácido ascórbico, as amostras de água filtrada foram medidas e o reagente de mistura foi adicionado, a absorvância foi medida utilizando o espetrofotómetro (Tabela 2.2). Água filtrada

As amostras de água foram medidas, a solução tampão e o indicador foram adicionados à amostra e titulados com uma solução padrão de EDTA para determinar a dureza da água (Quadro 2.2), (APHA, 1985). As amostras

16

de água foram colhidas à superfície, no meio e no fundo do local A (nascente quente) e do local B (nascente quente intermédia). As amostras de água foram colhidas apenas à superfície e no fundo no local C (poço normal) porque a profundidade da coluna de água era muito pequena.

Tabela No: 2.2: Técnicas analíticas dos parâmetros de qualidade da água durante o período de estudo

Parameter	Methodology	Unit
pH	AD111 pH/mV/^{0}C Meter	-
Temperature		^{0}C
Salinity	Water quality Meter YSI 85 Japan	Ppt
Conductivity		mS/cm
Dissolve oxygen		mgL^{-1}
Nitrate	Photometry method (UV spectrophotometer, DR/ 4000U) Sodium salicylate method	Ppm
Phosphate	Photometry method (UV spectrophotometer, DR/ 4000U) Ascorbic acid method	Ppm
Hardness	Titrimetric method (EDTA method)	Ppm

A dureza da água é calculada da seguinte forma

$$X = (Ca * Vt)/ Vs \text{ mmol } L^{-1}$$

Onde:

X = Concentração de Ca^{2+} e Mg^{2+} nas amostras de água (mmol L)$^{-1}$

Ca = Concentração de $/^1{}_2$ Na2EDTA (mmol L)$^{-1}$

Vs = Volume da amostra (mL)

Vt = Volume do titulante EDTA até ao ponto final

2.3:   Determinação dos parâmetros biológicos

A água foi filtrada da coluna vertical dos dois locais utilizando uma rede de plâncton (malha de 30 mm). As amostras de plâncton recolhidas foram divididas em duas porções e uma porção foi fixada no local utilizando iodo de Lugol (Auinger, et al., 2008). A outra porção foi levada para observar o plâncton vivo para confirmação da identificação. Estas amostras foram mantidas sob luz fluorescente para a sobrevivência dos organismos. A coluna de água vertical não podia ser filtrada porque o poço normal era muito pouco profundo. Por conseguinte, foi filtrado um volume conhecido de água utilizando a rede de plâncton. Para o efeito, foi utilizado um volume conhecido de cesto. Os plânctons em cada local foram observados para identificação utilizando o microscópio Leica. Em seguida, foi utilizado um microscópio fotográfico Olympus para tirar fotografias desses microrganismos. A densidade do plâncton foi calculada utilizando uma régua de Sedgwick (Hotzel e Croome, 1985).

Densidade do plâncton

$$C \text{ [células mL}^{-1}] = (N \times 1.000 \text{ mm}^3)/A \times D \times F$$

Onde:

N = Número de células ou unidades contadas

A = Área do campo (mm)^2

D = Profundidade de um campo (profundidade da câmara de Sedgwick-Rafter) (mm)

F = Número de campos contados.

Área da rede de plâncton (p) $= \pi * r^2$
Onde:

r = Raio da rede de plâncton

Volume filtrado (B) = P * H

Onde:

H = Altura da coluna de água

Densidade do plâncton = (C * V)/ B [células/ L]

Onde:

V = Volume da amostra

CAPÍTULO 3

Resultados

3.1:   Parâmetros de qualidade da água

3.1.1:   Temperatura

A temperatura média da nascente quente (A), da nascente intermédia (B) e do poço normal (C) foi de 44,12, 33,58 e 27,78⁰ C, respetivamente. Registou-se uma diferença significativa de temperatura entre os três locais (p<0,05). Por conseguinte, os locais A e B foram considerados fontes termais. Mas considerando a superfície, o meio e o fundo de cada local, não houve diferenças significativas de temperatura em cada profundidade (p>0,05) (Tabela 3.2) e também os valores de temperatura nos três locais não se alteraram durante o meu período de estudo. Isto significa que houve uma diferença significativa dos valores de temperatura ao longo do tempo. De acordo com a literatura, a temperatura da fonte termal de Mahapelessa não se altera com o tempo. Fonseka (1994) referiu que a temperatura na fonte termal de Mahapelessa era de 44⁰ C.

3.1.2:   pH

Ao considerar os valores de pH, não houve diferença significativa entre os três locais (p>0,05). Porque o pH médio dos locais A, B e C foi de 7,52, 7,52 e 7,49, respetivamente (Figura 3.1). Mas, com o passar do tempo, não se registaram diferenças significativas de pH entre cada local. Ao considerar a superfície, o meio e o fundo de cada local, não se registaram diferenças significativas do pH (p>0,05) (Tabela 3.2).

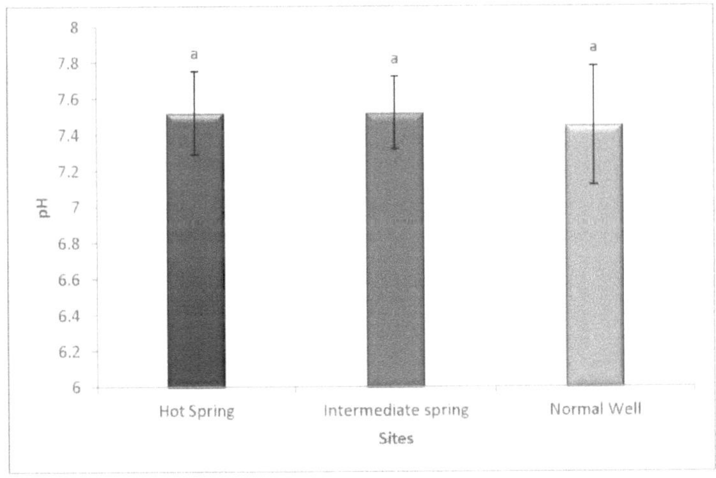

Nota: As letras pequenas na coluna representam uma diferença significativa.

Figura 3.1: pH médio dos três sítios

1.9.1.   Condutividade

Houve uma diferença significativa de valores de condutividade entre o poço normal com nascente quente e o poço normal com nascente quente intermédia (p<0,05). A condutividade dos locais A, B e C foi de 9,62, 8,07 e 0,78 mS/cm, respetivamente (Figura 3.2), mas não houve diferença significativa entre a fonte quente e a fonte quente intermédia (p>0,05). A condutividade máxima registou-se na nascente quente e a quantidade de condutividade apresentada na água normal foi muito reduzida. Se considerarmos os locais A e B, os valores de condutividade variaram bastante durante o período de estudo, mas o poço normal apresentou muito poucas alterações de condutividade em comparação com os locais A e B. Se considerarmos a superfície, o meio e o fundo de cada local, também não se registaram diferenças significativas de condutividade (p>0,05) (Quadro 3.2).

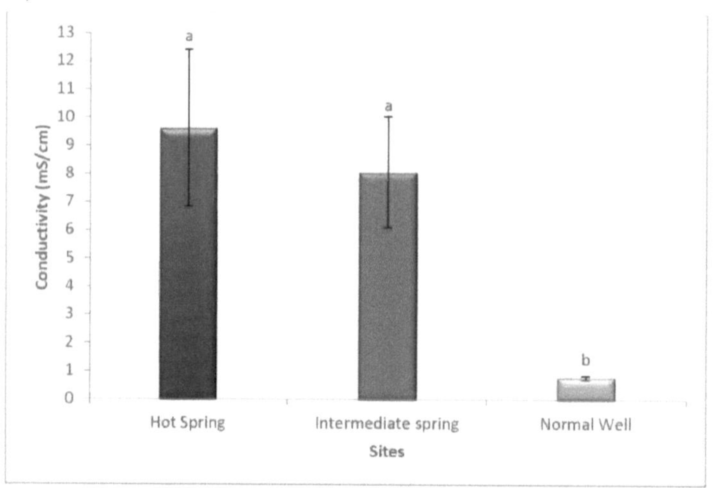

Figura 3.2: Condutividade média dos três locais

1.9.2. Salinidade

A salinidade média dos locais A, B e C foi de 4,21, 4,21 e 0,39 ppt, respetivamente (Figura 3.3). Verificou-se uma diferença significativa nos valores de salinidade entre o poço normal com nascente quente e o poço normal com nascente quente intermédia (p<0,05), mas não houve diferença significativa na salinidade em relação à nascente quente e à nascente quente intermédia (p>0,05). Ao comparar os valores de salinidade dos três locais, a flutuação da salinidade foi pequena em termos espaciais. Ao considerar a superfície, o meio e o fundo de cada local, também não houve diferença significativa da salinidade (p>0,05) (Tabela 3.2). O valor mínimo de salinidade registou-se no local C.

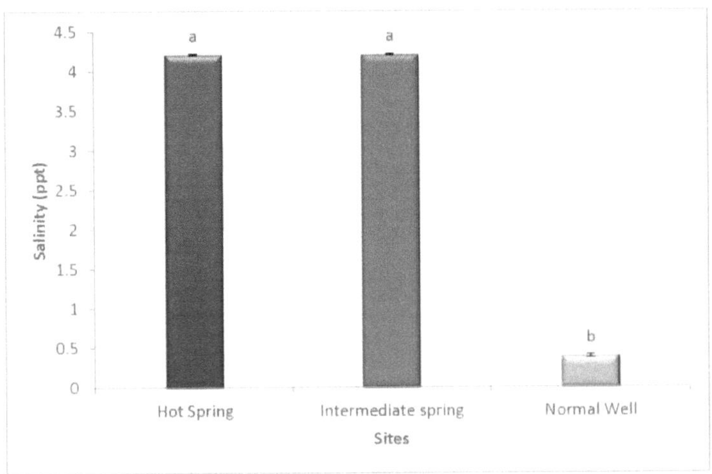

Figura 3.3: Salinidade média dos três sítios

1.9.3. Oxigénio dissolvido (DO)

O oxigénio dissolvido médio dos locais A, B e C foi de 1,94, 1,94 e 3,54 mg/L, respetivamente (Figura 3.4). Não houve diferença significativa de OD entre os três locais (p>0,05). O desvio padrão dos locais A, B e C foi de (±) 0,77, 1,22 e 1,32, respetivamente. Assim, os valores de DO nos três locais flutuaram durante o período de estudo. No poço normal registou-se uma quantidade elevada de DO. Ao considerar a superfície, o meio e o fundo de cada local, também não houve diferença significativa do DO (p>0,05) (Tabela 3.2). O OD nos outros dois locais era quase igual.

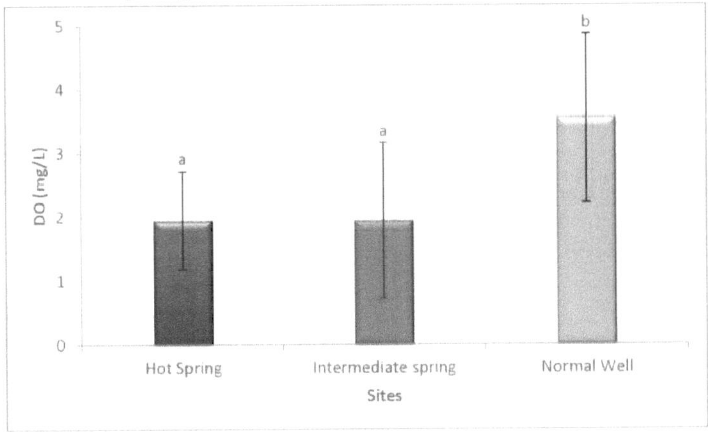

Figura 3.4: DO médio dos três sítios

3.1.6. Fosfato

Os valores médios de fosfato da nascente quente, da nascente intermédia e do poço normal foram de 0,03, 0,06 e 0,11 ppm, respetivamente (Figura 3.5). Não houve diferença significativa de valores de fosfato entre os 3 locais (p>0,05). O desvio padrão dos locais A, B e C foi (±) 0,03, 0,06 e 0,06, respetivamente. Quando se considera as duas nascentes termais, observou-se uma grande flutuação da concentração de fosfato nos períodos de tempo estudados. O poço normal também é igual, mas inferior ao dos outros dois locais. Ao considerar a superfície, o meio e o fundo de cada local, também não se registaram diferenças significativas de fosfato (p>0,05) (Quadro 3.2). A maior quantidade de concentração de fosfato pode ser medida no local C. O valor mais baixo foi registado no local A.

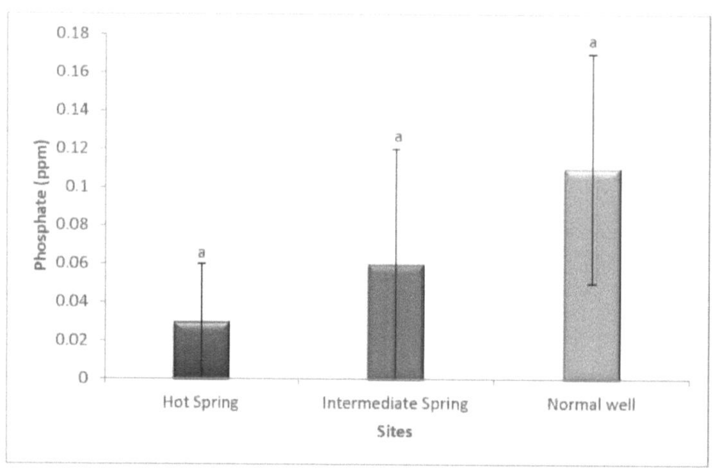

Figura 3.5: Valores médios de fosfato dos três sítios

3.1.7: Nitrato

O nitrato médio dos locais A, B e C foi de 0,17, 0,29 e 1,01 ppm, respetivamente (Figura 3.6). Houve uma diferença significativa de valores de salinidade entre o poço normal com nascente quente e o poço normal com nascente quente intermédia (p<0,05), mas não houve diferença significativa de nitrato entre a nascente quente e a nascente quente intermédia (p>0,05). O valor mais elevado de nitratos foi registado no poço normal. O desvio padrão dos locais A, B e C foi de (±) 0,17, 0,42 e 0,22, respetivamente. Assim, o nitrato em cada poço tem uma grande variação durante o período de investigação. Ao considerar a superfície, o meio e o fundo de cada local, também não houve diferença significativa do nitrato (p>0,05) (Tabela 3.2).

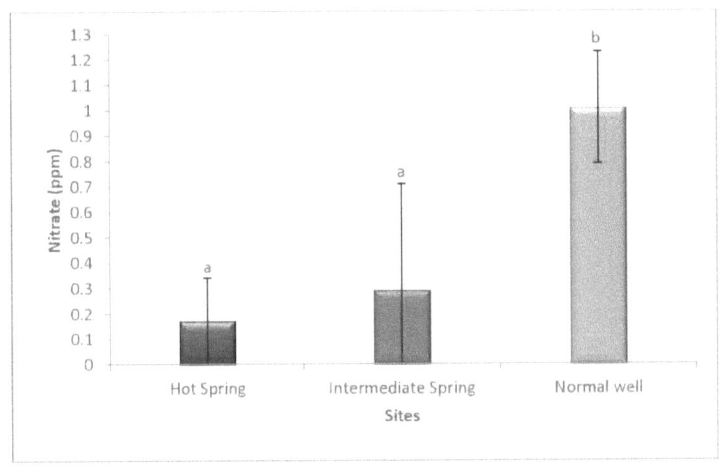

Figura 3.6: Valores médios de nitrato dos três sítios

3.1.8: Dureza

Os valores médios de dureza da nascente quente, da nascente intermédia e do poço normal foram de 1262, 1330 e 254 ppm, respetivamente (figura 3.7). Registaram-se diferenças significativas nos valores de dureza entre os 3 locais (p<0,05). O desvio padrão dos locais A, B e C foi de (±) 30, 32 e 14, respetivamente. De acordo com o valor do desvio padrão, a dureza da água não registou grandes flutuações. A dureza das nascentes de água quente era praticamente a mesma, mas era muito baixa nas nascentes de água normal. Ao considerar a superfície, o meio e o fundo de cada local, também não se registaram diferenças significativas de dureza (p>0,05) (Quadro 3.2).

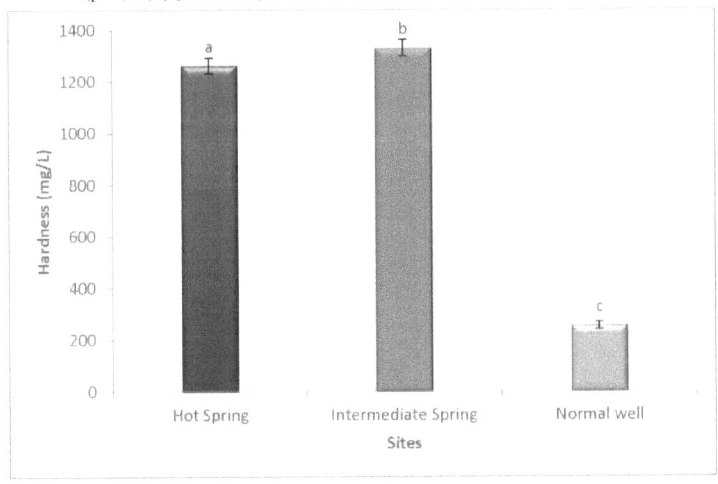

Figura 3.7: Valores médios de dureza dos três sítios

Site	Depth (m)	Temperature (^{0}C)	pH	Salinity (ppt)	Conductivity (mS/cm)	Dissolve oxygen(mg/L)	Phosphate (ppm)	Nitrate (ppm)	Hardness (ppm)
Hot Spring	5.25	44.12± 0.54	7.52±0.23	4.21±0.01	9.62 ±2.79	1.94 ±0.77	0.03 ±0.03	0.17±0.17	1262±30.00
Intermediate Spring	4.10	33.58 ±1.03	7.52±0.20	4.21±0.01	8.07 ±1.97	1.94 ±1.22	0.06 ±0.06	0.29±0.42	1330±32.00
Normal well	1.25	27.78 ±0.68	7.49±0.33	0.39±0.02	0.78 ±0.07	3.54 ±1.32	0.11 ±0.06	1.01±0.22	254±14.00

Tabela 3.1: Parâmetros fitoquímicos dos três sítios

Site	Position	Temperature (^{0}C)	pH	Salinity (ppt)	Conductivity (mS/cm)	Dissolve oxygen(mg/L)
Hot Spring	Surface	43.84 ±0.56	7.47 ±0.20	4.20 ±0.00	10.16 ±5.78	2.16 ±1.28
	Middle	44.18 ±0.60	7.56 ±0.36	4.20 ±0.00	9.63 ±1.58	1.75 ±0.58
	Bottom	44.40 ±0.64	7.54 ±0.24	4.22 ±0.04	9.09 ±2.57	1.92 ±0.71
Intermediate Spring	Surface	33.84 ±0.45	7.60 ±0.24	4.20 ±0.00	8.77 ±0.63	2.29 ±1.21
	Middle	33.26 ±1.78	7.51 ±0.22	4.20 ±0.00	8.08 ±2.15	1.85 ±1.29
	Bottom	33.66 ±1.06	7.44 ±0.28	4.22 ±0.04	7.35 ±3.80	1.68 ±1.25
Normal well	Surface	27.80 ±0.99	7.47 ±0.32	0.38 ±0.04	0.75 ±0.14	3.80 ±1.79
	Bottom	27.72 ±0.65	7.42 ±0.34	0.40 ±0.00	0.81 ±0.03	3.29 ±1.01

Quadro 3.2: Parâmetros fitoquímicos da superfície, do meio e do fundo dos três sítios

3.2: Biologia da água

3.2.1: Disponibilidade de microrganismos

Foram identificados vários tipos de microorganismos de água doce nas fontes de água quente. Algas verdes, diatomáceas, algas verdes azuis, protozoários, rotiferas, anelídeos, nemátodos, etc. e também no poço normal (Quadro 3.3). Alguns organismos foram encontrados apenas na fonte termal com a temperatura média do local A. Esses organismos eram Spirogyra sp. Peridinium sp., Gloeocapsa sp., Pediastrum sp., Staurastrum sp., Scenedesmus sp., Keratella sp. e Tubifex sp. Assim como os organismos podem ser observados apenas no local B com a temperatura respeitada. Havia Lyngbya sp., Amoeba sp., Harpecticoid e Nematoda. Nostoc sp. foi apresentado apenas na água normal. Paramecium sp. foi comum nos três locais, sendo mais proeminente nos locais A e B. Houve uma correlação negativa entre Paramecium sp. e as temperaturas dos locais (r^2 = 0,832). Por conseguinte, quando a temperatura aumentou, a abundância de Paramecium sp. diminuiu. Actinosphaerium sp. foi o mais abundante no local B. A abundância elevada de microrganismos foi considerada apenas em cada local e a abundância superior a cinco foi mencionada na tabela. Os microrganismos observados foram mencionados na placa1-placa13.

Tabela 3.3: Organismos identificados, suas caraterísticas e presença / ausência nos três poços.

Name of the Organism	Family	Features	Well A	Well B	Well C
Spirogyra sp. (P13.2)	Zygnemataceae	Spiral band like Chloroplast.	✓		
Peridinium sp. (P1.1)	Peridiniaceae	Grooves on cell surface and encircling the cell.	✓		
Gloeocapsa sp. (P9.2)	Microcystaceae	Sheath with grouped in 2, 4 or 8 cells.	✓		
Pediastrum sp. (P1.2)	Hydrodictyaceae	Spiny like outer margin of cells of colony.	✓		
Staurastrum sp. (P2.1)	Desmidiaceae	Star shaped, spiny like terminal ends.	✓		
Scenedesmus sp. (P9.1)	Scenedesmaceae	Four curved spines on corner of cell wall.	✓		
Paramecium sp. (P8.1)	Parameciidae	Cilia presented around the body.	✓	✓	✓
Elakatothrix sp. (P10.1)	Elakatotrichaceae	Boat shaped body. Green color.	✓		
Chaetonotuslarus	Chaetonotidae	Posterior part divided into two spines.	✓	✓	✓
Philodina sp. (P6.1)	Philodinidae	Two rotating wheels, straight body.	✓	✓	
Keratella sp. (P2.2)	Brachionidae	Spiny like tail, serrated spines on anterior end.	✓		
Tubifex sp. (P3.1)	Naididae	Each segment has parapodia on both sides.	✓		
Lyngbya sp. (P11.1)	Oscillatoriaceae	Filamentous with firm sheath.		✓	
Amoeba sp. (P12.2)	Amoebidae	Pseudopods were presented.		✓	
Navicula sp. (P12.1)	Naviculaceae	Boat shaped body. Brown color.	✓	✓	
Actinosphaerium sp. (P3.2)	Actinophryidae	Spherical cell body with pseudopodia.	✓	✓	
Harpecticoid (P11.2)		A very short pair of first antennae.		✓	
Moina sp. (P8.2)	Moinidae	Well-developed 2nd antenna and apical spine.	✓	✓	
Nematoda (P7.2)		Worm.		✓	
Nostoc sp. (P6.2)	Nostocaceae	Spherical cells and heterocyst.			✓
Oscillatoria sp. (P10.2)	Oscillatoriaceae	Filamentous without firm sheath.		✓	✓

3.2.2. Abundância de microrganismos

Tabela: 3.4: Abundância de microrganismos em três locais.

Site	Species name	Density ($\times 10^4$) m^{-3}
Hot Spring	*Paramecium* sp.	09
	Staurastrum sp.	08
	Pediastrum sp.	05
	Peridinium sp.	05
Intermediate Spring	*Heliozoa* sp.	15
	Paramecium sp.	12
	Oscillatoria sp.	06
	Chaetonotus sp.	05
Normal Well	*Oscillatoria* sp.	08
	Paramecium sp.	20
	Nostoc sp.	05
	Chaetonotus sp.	05

Valores inferiores a 5 X 10^4 não foram considerados.

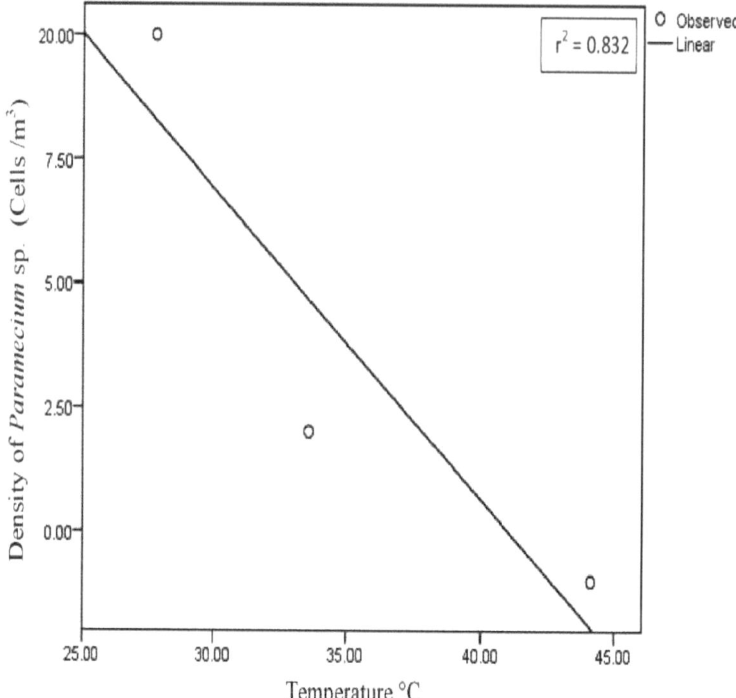

Figura 3.8: Correlação entre a temperatura e a abundância de Paramecium sp.

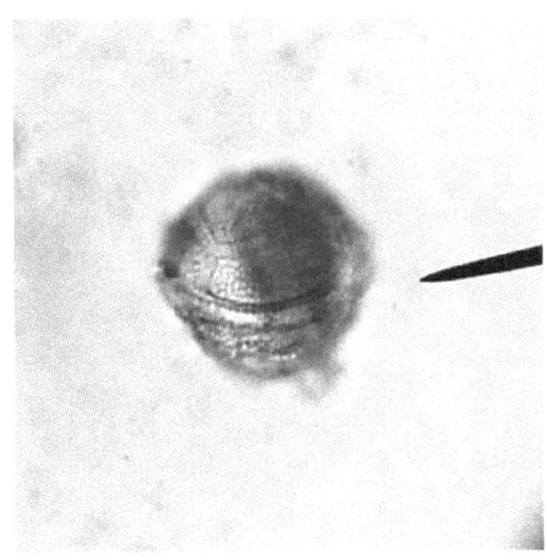

Pl.1: *Peridinium* sp.

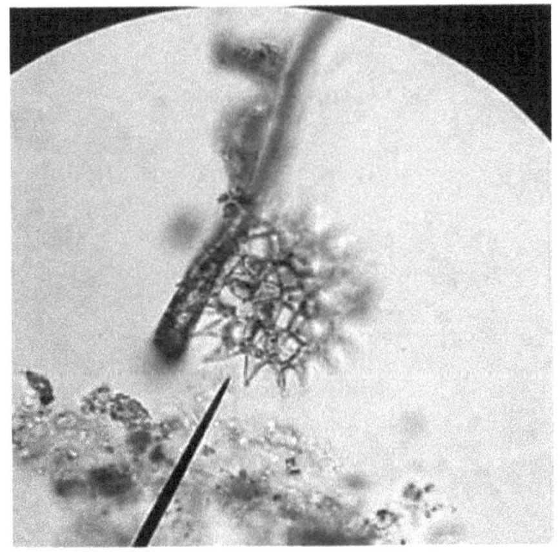

Pl.2: *Pediastrum* sp.

Placa 01

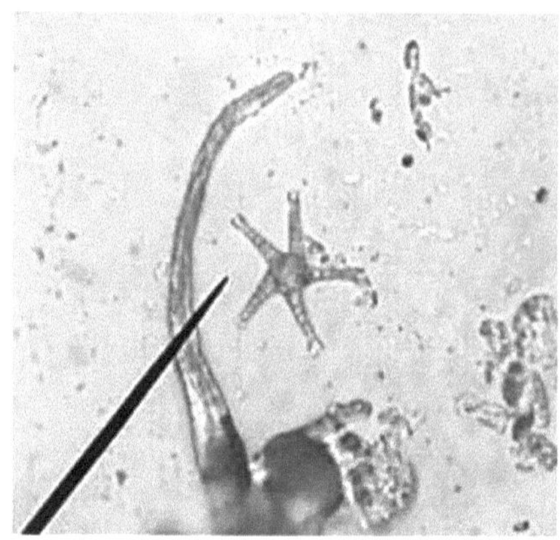

P2.1: *Staurastrum* sp.

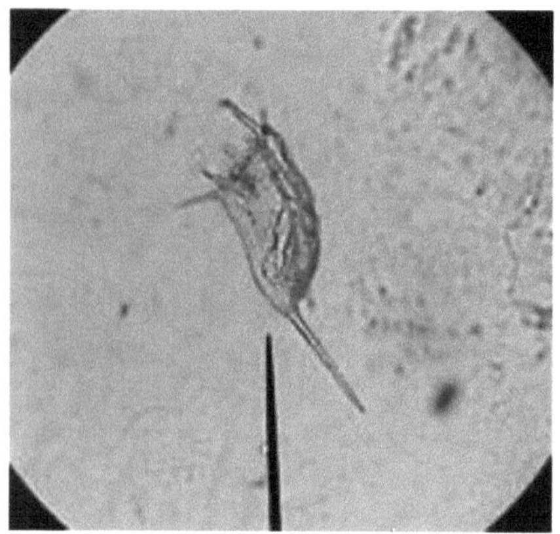

P2.2: *Keratella* sp.

Placa 02

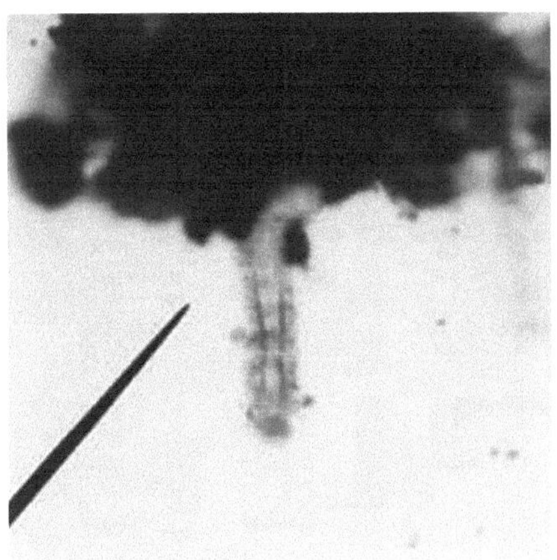

P3.1: *Tubifex* sp.

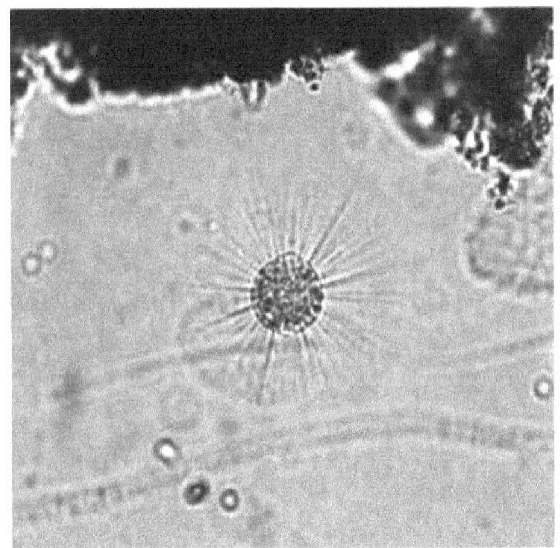

P3.2: *Actinosphaerium* sp.

Placa 03

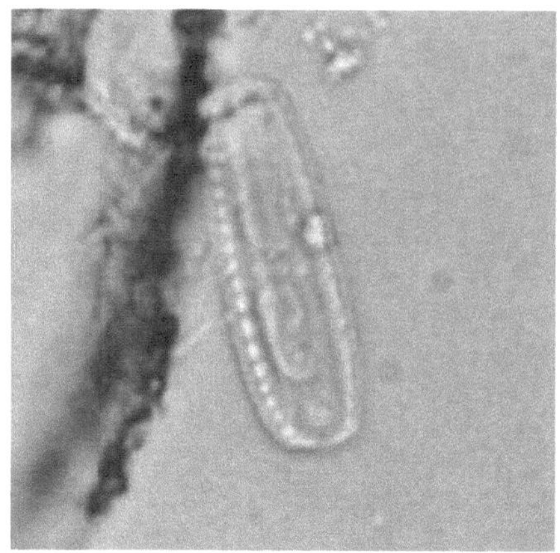

P4.1: *Pinnularia* sp.

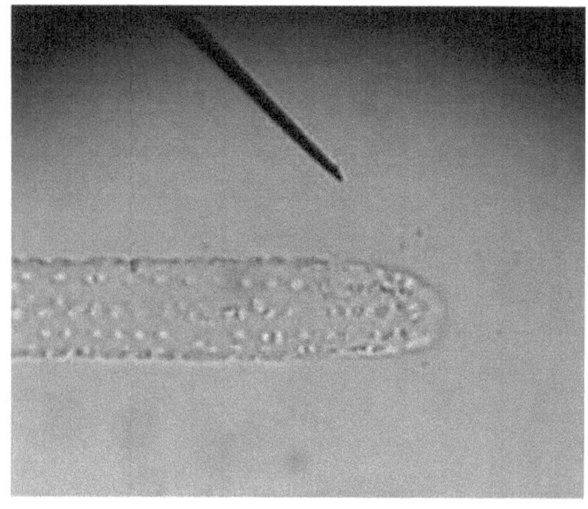

P4.2: *Hydrodictyon* sp.

Placa 04

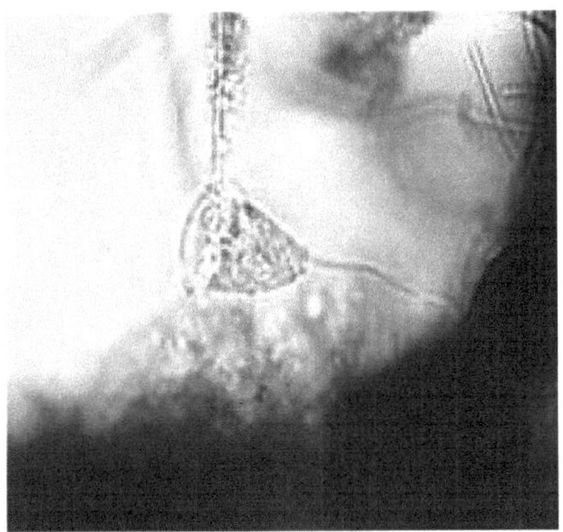

P5.1: *Vorticella* sp.

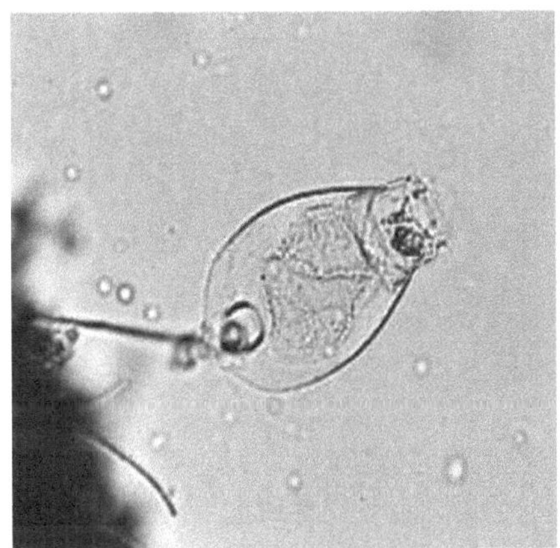

P5.2: *Euchlanis* sp.

Placa 05

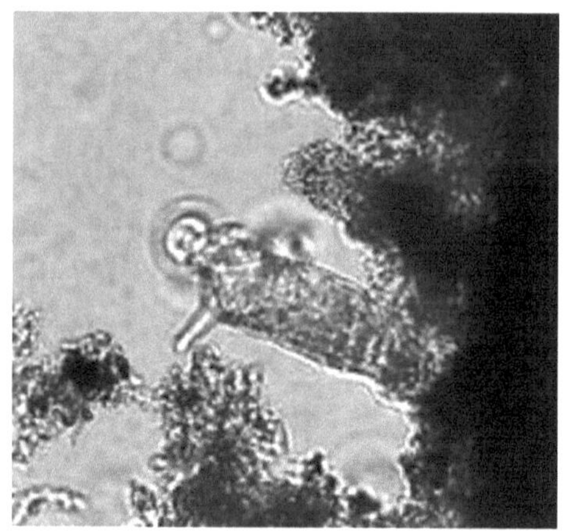

P6.1: *Philodina* sp.

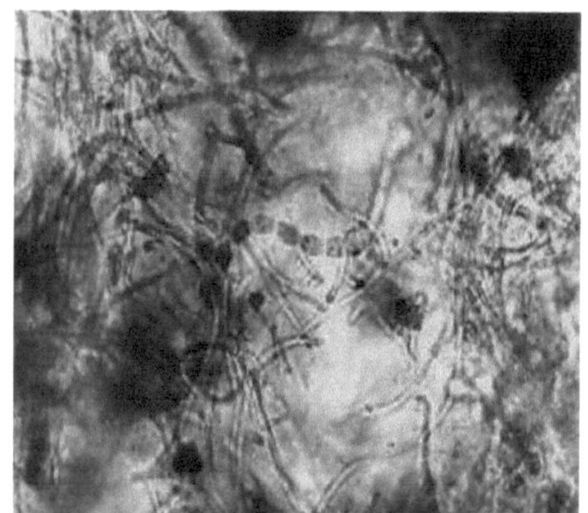

P6.2: *Nostoc* sp.

Placa 06

P7.1: *Fischerella* sp.

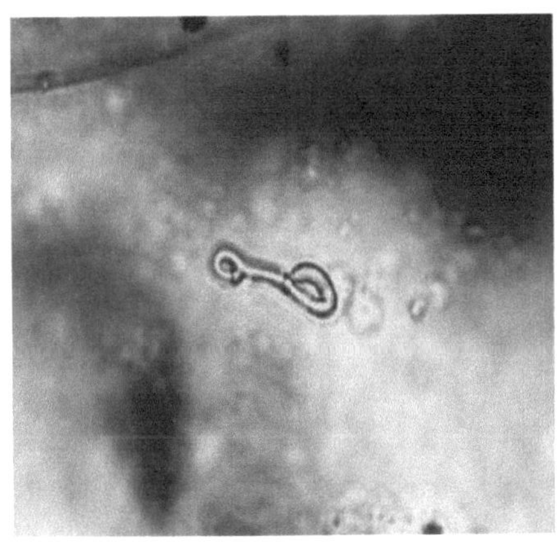

P7.2: Nematoda

Placa 07

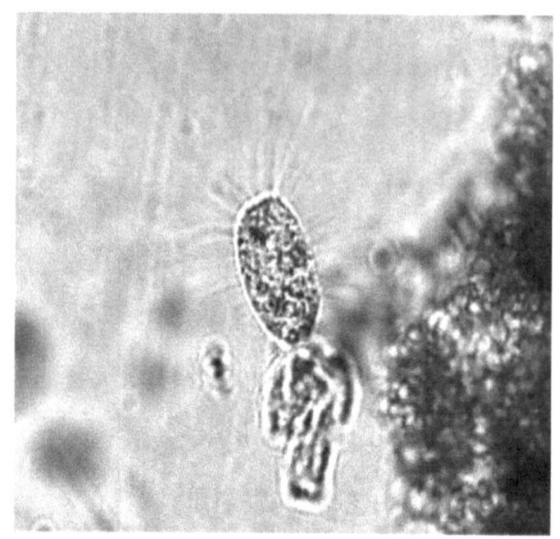

P8.1: *Paramecium* sp.

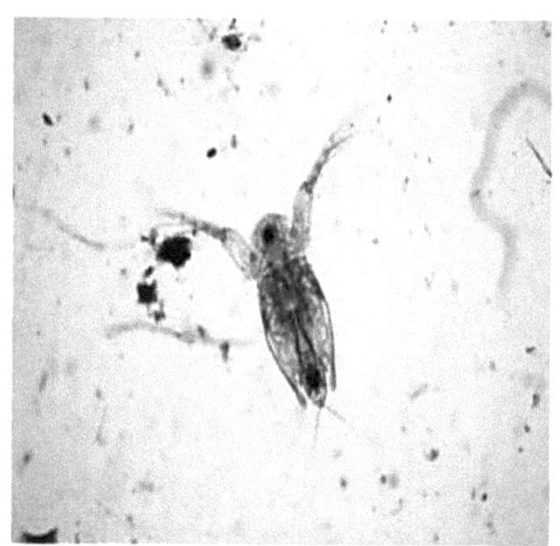

P8.2: *Moina* sp.

Placa 08

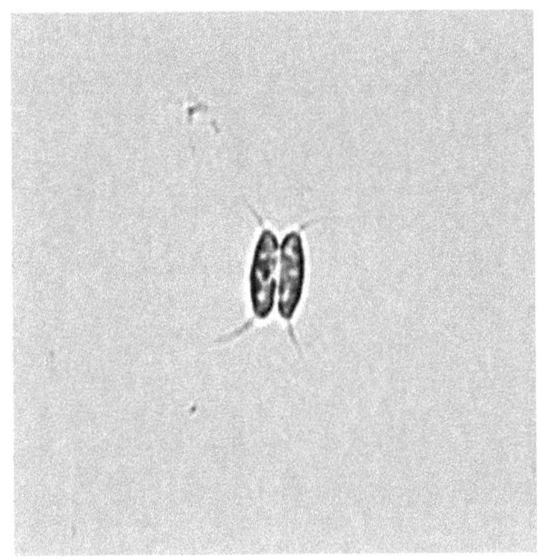

P9.1: *Scenedesmus* sp.

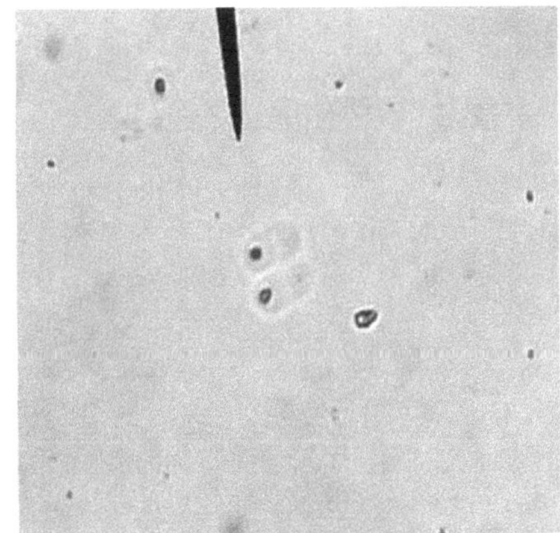

P9.2: *Gloeocapsa* sp.

Placa 09

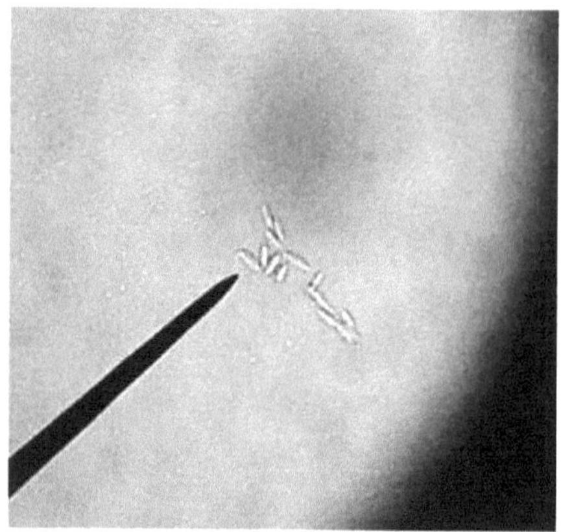

P10.1: *Elakatothrix* sp.

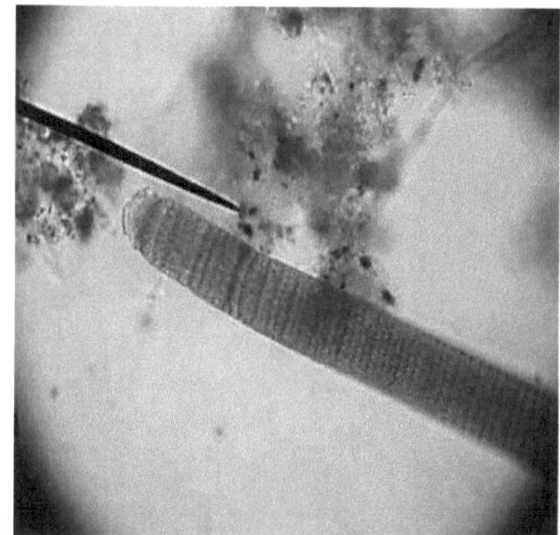

P10.2: *Oscillatoria* sp.

Placa 10

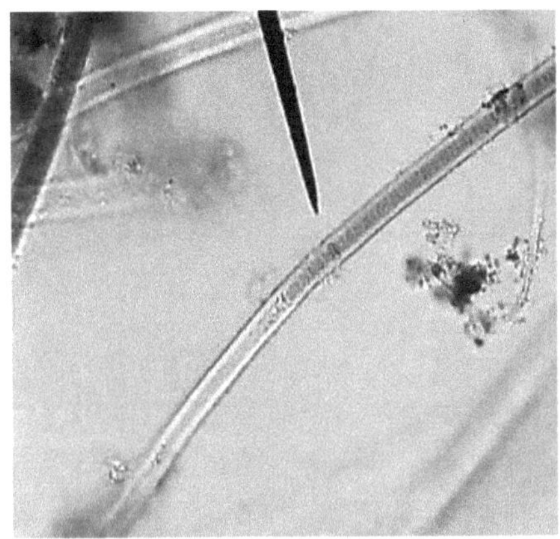

P11.1: *Lyngbya* sp.

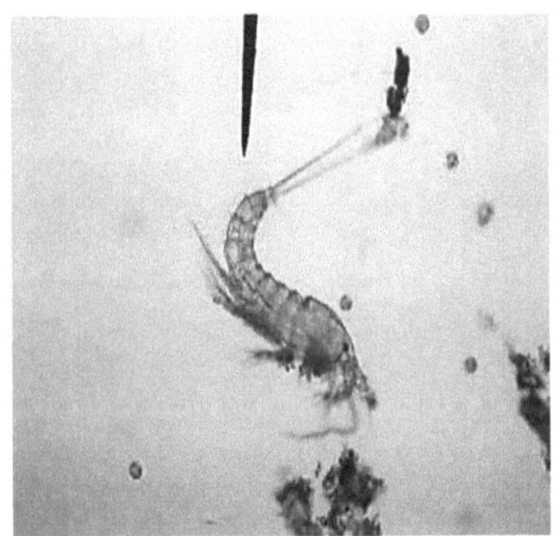

P11.2: Harpecticoid

Placa 11

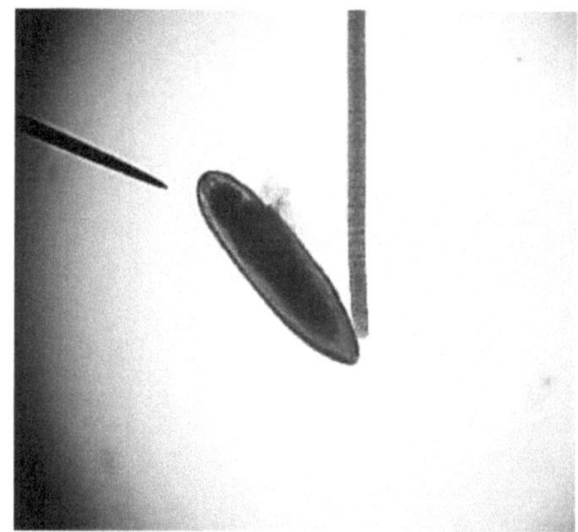

P12.1: *Navicula* sp.

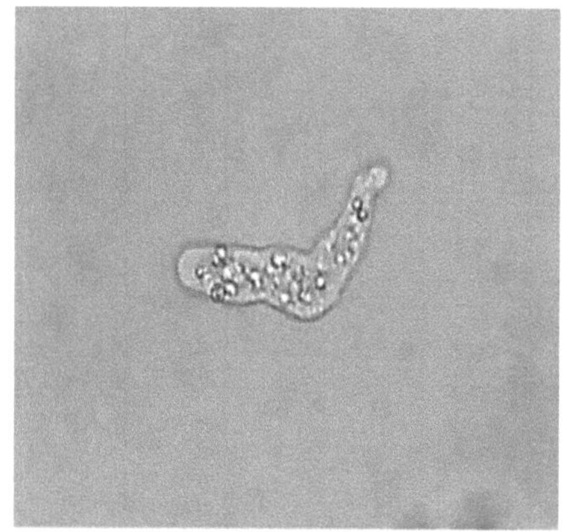

P12.2: *Amoeb*a sp.

Placa 12

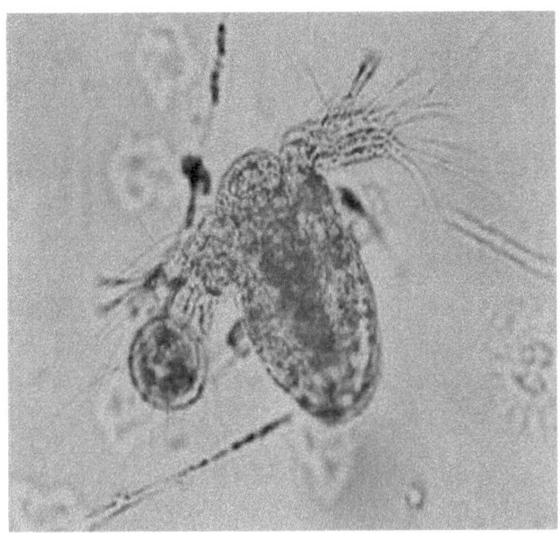

P13.1: Zooplankton nauplii

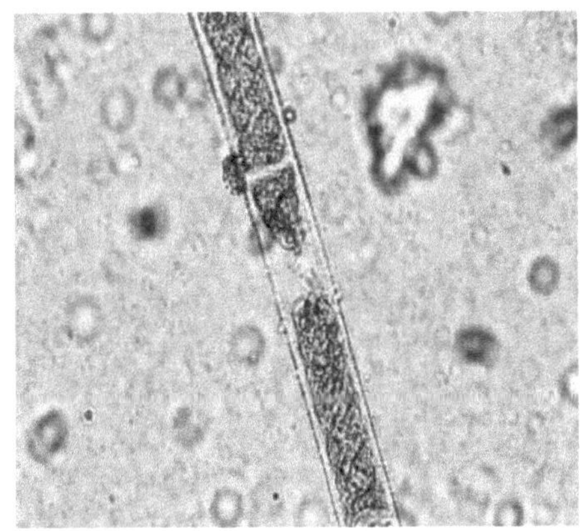

P13.2: *Spirogyra* sp.

Placa 13

CAPÍTULO 4

Discussão

Como o Sri Lanka está dividido em 3 complexos geológicos, existem dez fontes de água quente no Sri Lanka (Ranasinghe, 2005). Foram efectuados alguns estudos sobre a química da água nas fontes termais de Mahapelessa e Kinniya. Mas o estudo biológico das fontes termais do Sri Lanka não foi registado até agora. O estudo atual sobre a fonte termal de Mahapelessa foi realizado durante o período de monção e inter-monção.

A temperatura das nascentes de água quente a nível mundial varia em grande escala. A temperatura da nascente de água quente do Arkansas, nos EUA, é de 62^0 C (Kresse e Hay, 2011) e a temperatura das nascentes de água quente da Etiópia varia entre $44,8\text{-}93,4^0$ C (Haki, 2012). De acordo com os primeiros resultados da investigação, a temperatura da fonte termal de Mahapelessa era de 44^0 C (Fonseka, 1994). Os resultados do estudo atual analisam este valor, que varia um pouco após vinte anos, até $44,12^0$ C. Por conseguinte, a temperatura da fonte termal de Mahapelessa não se alterou com o tempo. Assim, esta nascente de água quente pode ser classificada como uma nascente homotérmica (Saha, 1993). Por outro lado, esta nascente de água quente pode ser classificada como uma nascente eutérmica ou quente (Vouk, 1923).

Embora todos os poços estivessem situados a uma distância de 300 m uns dos outros, havia uma diferença significativa de temperatura entre cada poço. 80% das fontes termais do Sri Lanka pertencem ao complexo Vijayan e estão situadas na fronteira entre Vijayan e Highland (Fonseka, 1994). De acordo com a localização, a fonte termal de Mahapelessa situa-se nessa região. Por conseguinte, esta pode ser a razão do aumento da temperatura na fonte quente e na fonte intermédia de Mahapelessa em relação ao poço normal.

O poço normal tem uma profundidade muito baixa. Por conseguinte, todas as medições foram efectuadas apenas no fundo e na superfície das colunas de água. A temperatura dos outros dois poços não se alterou com a profundidade, como a superfície, o meio e o fundo. A nascente de água quente de Mahapelessa tem um caudal de 643 mm/s (Fonseka, 1994). Não existem registos sobre o caudal da fonte termal intermédia de Mahapelessa. Mas também tem um caudal e emissões de água. Por conseguinte, essa razão pode ser a causa da mesma temperatura em toda a coluna de água das duas fontes termais.

O pH das fontes termais mundiais varia com a sua localização. O pH numa das fontes termais do Quénia era de 9 (Krienitz, 2003) e a fonte termal do Arkansas nos EUA tem um pH de 7,2 (Kresse e Hay, 2011). O pH nas fontes de água quente de Kinniya no Sri Lanka era de 6,7-7,3 (Piyadasa et al., 2011). De acordo com Fonseka (1994), o pH na fonte termal de Mahapelessa era de 7,1. Os resultados do presente estudo analisam este valor, que aumentou um pouco até 7,52. O valor do pH na nascente intermédia também foi semelhante a esse valor. De acordo com os primeiros resultados da investigação, o valor do pH nas fontes termais depende em grande medida da quantidade de CO_2 livre que se dissolve na água e indica indiretamente uma medida do conteúdo de CO_2 (Birge e Juday, 1911). Fonseka (1995) mencionou que a percentagem de CO_2 na fonte termal era de 0,12. Com o passar do tempo, o teor de CO_2 dissolvido na água pode alterar-se. O valor do pH da água potável normal situa-se entre 6,5 e 8,5 (OMS, 1996). De acordo com os resultados, o pH do poço normal era de 7,49 e pode ser avaliado como um poço de água potável normal.

A condutividade é também um parâmetro importante nas fontes termais. A condutividade da fonte termal no Quénia era de 6410 µS/cm (Krienitz, 2003) e a condutividade da fonte termal de Himekawa no Japão era de 211 mS/m (Homma, 2008). A condutividade eléctrica da nascente de água quente de Kinnya, no Sri Lanka, era de 288-428 µS/cm (Piyadasa et al., 2011). A condutividade da nascente de água quente em Mahapelessa era de 7,1 S/m (Fonseka, 1994) e, de acordo com Piyadasa (2011), este valor mudou para 6800 - 7890 µS/cm. Os resultados do presente estudo mostram que o valor foi de 9,62 mS/cm.

Normalmente, a condutividade da água depende dos iões com carga positiva e negativa na água. Quando se aumentam os iões carregados na água, a condutividade também aumenta. De acordo com a teoria geológica, as nascentes de água quente foram formadas por água quente que vinha de fracturas profundas da terra. Quando esta água estava a chegar, vários iões foram dissolvidos nesta água. A água aquecida pode dissolver muitos iões orgânicos e inorgânicos que se encontravam em ambos os lados do caminho. Assim, de acordo com o contexto geológico das fontes termais no mundo, a condutividade das mesmas pode ser alterada. E também com o tempo a quantidade de iões dissolvidos nesta água pode ser alterada. Esta pode ser a razão para o aumento da condutividade da fonte de água quente de Mahapelessa com o tempo. Por vezes, isso pode acontecer devido a iões metálicos estranhos que entraram no poço a partir de cestos de metal e moedas. A condutividade do poço normal era muito baixa do que a das outras duas nascentes (0,78 mS/cm), porque a água não passava por fracturas profundas na terra. Mas, de acordo com as normas do Sri Lanka, a condutividade da água potável é de 0,75 mS/cm (Bakker et al., 1999). Por conseguinte, a condutividade da água normal do poço era semelhante às normas de água potável do Sri Lanka.

A salinidade é o outro fator importante das nascentes de água quente. Simplesmente, a salinidade é uma medida da quantidade de sais dissolvidos na água. A salinidade das nascentes de água quente varia consoante a fonte e a localização da mesma. Em algumas fontes termais observou-se uma salinidade mais elevada, porque têm uma concentração elevada de iões de sódio e cloreto. Algumas fontes termais não estão ligadas à água salgada. O NaCl foi o principal responsável pela salinidade da água. A salinidade das fontes termais de Wilbur na Califórnia era de 22 ppt (Barnby, 1987). Não existem registos sobre a salinidade das fontes termais no Sri Lanka. A salinidade da fonte termal principal e da fonte intermédia em Mahapelessa era de 4,21 ppt. Devido à fonte de água, estes valores podem ser diferentes dos valores de salinidade da fonte termal de Wilbur. Normalmente, a água doce tem 0,5 ppt ou menos de salinidade (USEPA, 2006). A água que estava incluída nesse intervalo foi classificada como água doce. Por conseguinte, a água do poço normal pode ser classificada como água doce e a água dos outros dois poços pode ser classificada como água oligohalina.

O oxigénio dissolvido (DO) é um dos elementos mais importantes da água. É diretamente afetado pelos macro e microorganismos que vivem na água. Por outro lado, também é importante para a reação de químicos orgânicos e inorgânicos dissolvidos e não dissolvidos na água. Por conseguinte, o DO é um fator determinante na água. Geralmente, o valor do OD na água diminui com o aumento da temperatura. A 90^0 C o oxigénio dissolve-se na água a menos de 2% da quantidade que se dissolve a 20^0 C (Brock, 1970). De acordo com os resultados, não ocorreu da mesma forma. Mas a concentração de oxigénio dissolvido deve ser considerada como um parâmetro crítico em qualquer investigação de contaminação de águas subterrâneas e o oxigénio dissolvido na água pode ser alterado com a pressão do ambiente circundante na terra (Rose e Long, 1988).

Não se registaram diferenças significativas de DO nos três locais. Embora a temperatura do poço normal fosse muito baixa, o DO não aumentou consideravelmente. Este baixo valor de DO pode dever-se a uma maior quantidade de partículas de lama em suspensão nesse poço. Por vezes, os microrganismos que viviam em ambas as fontes termais consumiam DO para a sua fotossíntese e respiração. Além disso, um grande número de vários iões foi dissolvido na água quente (Fonseka, 1994). Estes iões podem ser oxidados pelo DO. Assim, estes factores podem afetar as alterações do oxigénio dissolvido nas nascentes de água quente. A fonte termal de Vashisht apresentava um nível de oxigénio dissolvido de 2,52 mg/L (Naresh, 2013). Assim, de acordo com estes resultados, o OD na fonte termal de Mahapalassa foi comprovado.

De acordo com Pathak e Rekadwad (2011), a concentração de fosfato da fonte termal de Unkeshwar na Índia era de 171,7 ppm e era de 0,04 ppm na fonte termal de Monopol (Haki, 2012). Também foi registada uma concentração de fosfato de 5 ppm em Kinniya (Fonseka, 1994). De acordo com Fonseka (1994), a concentração de fosfato na fonte termal de Mahapelessa era de 1,78 ppm. Mas a concentração de fosfato em Mahapelessa diminuiu em comparação com a experiência inicial. Normalmente, o fósforo nas águas naturais encontra-se em solução nas formas inorgânica e orgânica (Saha, 1993). O fosfato é um dos nutrientes mais importantes para o crescimento do fitoplâncton e do zooplâncton. Como a fonte termal de Mahapelessa tem uma maior quantidade de fitoplâncton e zooplâncton, o fosfato presente na água pode ser absorvido por macro e microorganismos para o seu crescimento. A concentração de fosfato na fonte termal intermédia foi um pouco mais elevada do que na fonte termal. A concentração de fosfatos na água normal era superior às normas BOI para a água potável no Sri Lanka. O nível máximo permeável de concentração de fosfato era de 2 ppm (Conselho de Investimento, 2011). O poço normal estava localizado muito perto do campo de arroz. A quantidade de produtos agro-químicos utilizados para o cultivo de arroz era maior. Por conseguinte, esta pode ser a razão para o aumento do nível de fosfato no nível normal.

De acordo com Pathak e Rekadwad (2011), a concentração de fosfato da fonte termal de Unkeshwar na Índia era de 171,7 ppm e era de 0,04 ppm na fonte termal de Monopol (Haki, 2012). Também foi registada uma concentração de fosfato de 5 ppm na fonte termal de Kinniya no Sri Lanka (Fonseka, 1994). De acordo com Fonseka (1994), a concentração de fosfato na fonte termal de Mahapelessa era de 1,78 ppm. Mas a concentração de fosfato em Mahapelessa diminuiu em comparação com a experiência inicial. Normalmente, o fósforo nas águas naturais encontra-se em solução nas formas inorgânica e orgânica (Saha, 1993). O fosfato é um dos nutrientes mais importantes para o crescimento do fitoplâncton e do zooplâncton. Como a fonte termal de Mahapelessa tem uma quantidade mais elevada de fitoplâncton e zooplâncton, o fosfato presente na água pode ser absorvido por macro e microrganismos para o seu crescimento, o que pode ser a razão para a diminuição do nível de fosfato. A concentração de fosfato na fonte termal intermédia era um pouco mais elevada do que na fonte termal. A concentração de fosfatos da água normal era superior às normas BOI para a água potável no Sri Lanka. O nível máximo permitido de concentração de fosfato da água potável no Sri Lanka era de 2 ppm (Conselho de Investimento, 2011). O poço normal estava localizado muito perto do campo de arroz. A quantidade de produtos agro-químicos utilizados na cultura do arroz era mais elevada. Por conseguinte, esta pode ser a razão para o aumento do nível de fosfato no nível normal.

Outro parâmetro importante é o nitrato, que é também uma fonte essencial para o fitoplâncton (Saha, 1993). O nível de nitrato na fonte termal de Unkeshwar, na Índia, era de 9,5 ppm (Pathak e Rekadwad, 2011) e o nível de nitrato na fonte termal de Monopol, na Etiópia, era de 0,14 ppm (Haki, 2012). Na fonte termal de Mahapelessa, este valor foi de 1,02 ppm (Fonseka, 1994). De acordo com o resultado, o valor de nitrato na fonte termal de Mahapelessa foi um pouco inferior ao valor anterior. Normalmente, as bactérias termofílicas vivem nas fontes termais. Algumas delas são bactérias nitrificantes e outras são bactérias desnitrificantes. Assim, as suas actividades afectam a concentração de nitratos na água termal. A oxidação e a desnitrificação do amoníaco ocorrem principalmente nos sedimentos das fontes termais (Dodsworth et al., 2011). O nível de nitratos no poço Normal era inferior ao nível máximo permitido (45 ppm) de acordo com as normas do BOI (Board of Investment, 2011). O poço normal está localizado muito mais perto do campo de arroz. Uma grande quantidade de nitratos contidos em pesticidas e herbicidas pode estar a percolar para o nível das águas subterrâneas através do solo. Foi essa a razão do nível de nitratos no poço normal.

Geralmente, a dureza significa que o HCO_3^- e o SO_4^{2-} são constituídos por iões Mg^{2+} e Ca^{2+} na água. A dureza da água das fontes termais foi estudada em todo o mundo. A dureza de 1 fonte termal de Unkeshwar era de 27,7 ppm (Anupama, 2011) e em Vashisht este valor era de 165,2 ppm (Naresh, 2013). Foi registada uma concentração elevada de Ca (533 ppm) na fonte termal de Mahapelessa (Fonseka, 1994). O valor da dureza no presente estudo na nascente quente (1262 ppm) pode dever-se a uma maior quantidade de iões de cálcio na água. A dureza da nascente intermédia foi superior à da nascente quente. O valor aceitável de dureza na água potável é de 250 ppm, de acordo com as normas do BOI (Board of Investment, 2011). A dureza da água normal do poço estava mais próxima deste valor.

A água da nascente quente e da nascente intermédia de Mahapelessa estava a correr. Por conseguinte, a água nestes poços estava muito misturada. Esta pode ser a razão pela qual os parâmetros físico-químicos não se alteram com a profundidade à superfície, no meio e no fundo. Estes parâmetros não se alteraram com a profundidade no poço normal, uma vez que a sua profundidade era muito baixa.

Tanto a fonte quente como a fonte intermédia eram poços construídos. Mas o poço normal não foi construído.

De acordo com a posição do poço, o escoamento superficial pode ser misturado diretamente com a água do poço sem infiltração durante a estação das chuvas. Isso também pode afetar as alterações da qualidade da água no poço normal.

Até à data, não foi efectuado qualquer estudo sobre a biologia das nascentes de água quente no Sri Lanka. De acordo com os resultados, o número de microrganismos no poço normal era menor do que nos outros dois poços. Observou-se uma maior quantidade de sólidos em suspensão nesse poço. Quando as partículas em suspensão na água aumentam, a penetração da luz diminui. Além disso, o poço estava situado numa zona abrigada. Assim, a penetração da luz foi limitada. Estes factos podem contribuir para reduzir o número de espécies no poço normal.

Os outros dois poços receberam boa luz solar e as partículas em suspensão eram limitadas. Por conseguinte, foi observada uma maior abundância de fitoplâncton nesses poços.

A flora algal das fontes termais é representada principalmente por Myxiphyceae ou Cyanophyceae (algas verdes azuis), Bacillariophyceae (Diatomáceas) e Chlorophyceae (algas verdes). Estas desempenham um papel fundamental na produtividade das águas termais. As mixofíceas são um grupo distinto de algas em que os pigmentos estão localizados na porção periférica do protoplasto e incluem clorofila a, caroteno, xantofila distinta, pigmento azul (C-ficocianina) e um pigmento vermelho (C-ficoeritrina). Outra caraterística única é o tipo primitivo de núcleo, que não possui nucléolo e membrana nuclear. Estas algas podem tolerar temperaturas muito elevadas e constituem o grupo dominante da biota das nascentes termais (Saha, 1993). Como este tipo de fitoplâncton é altamente tolerante à temperatura, foi observado em maior quantidade nas nascentes termais e intermédias.

As Bacillariophyceae (Diatomáceas) são organismos unicelulares e coloniais que se distinguem das outras algas pela forma das suas células. A principal caraterística proeminente das diatomáceas é a presença de uma parede celular altamente silicificada que está ligada por duas válvulas sobrepostas. Espécies de Navicula foram observadas em 56^0 C água de riacho na Índia (Saha, 1993). Esta espécie foi observada tanto em nascentes quentes como intermédias. A parede celular altamente silicificada pode ser a razão pela qual eram tolerantes a temperaturas mais elevadas.

As Chlorophyceae são um grupo de algas que têm os seus pigmentos fotossintéticos incluídos em cromatóforos que são verde-escuros devido à predominância da clorofila a e b sobre o caroteno e as xantofilas. Por exemplo, foi observada uma espécie de spirogyra em 45^0 C de água corrente na Índia (Saha, 1993).

Algumas algas verdes viveram a menos de $40,4^0$ C na fonte termal de Nevada, no parque nacional de Yellow Stone, na América, e algumas algas viveram a menos de 40^0 C noutra fonte termal no mesmo parque (Brues, 1928). A concentração de nitratos e fosfatos na água pode afetar diretamente o crescimento do plâncton na água. Tanto o amoníaco como o nitrato podem ser utilizados diretamente por alguns tipos de espécies de algas verdes azuis e diatomáceas (Chu, 1943). O pH da água entre 7,3 e 8,4 proporciona as condições ideais para o crescimento favorável do plâncton (Villadolid et al., 1954).

De acordo com o presente estudo, foram observadas na fonte termal cianobactérias, diatomáceas, anelídeos, microcrustáceos, dianoflagelados, ciliados, desmídeos, etc. Apesar de a temperatura da fonte quente ser de 44^0 C, só se observaram espécies de Spirogyra, Peridinium, Gloeocapsa, Pediastrum, Staurastrum, Scenedesmus, Keratella e Tubifex. De acordo com a abundância, o grupo mais proeminente foi o dos paramécios e foram classificados como protozoários ciliados. Quando se estuda um espécime vivo de paramécio, observam-se várias formas do corpo e os cílios à volta do corpo mostram movimentos rápidos. Assim, podem deslocar-se rapidamente de um sítio para outro. O Paramecium é extremamente sensível a pequenas mudanças no seu ambiente e, consequentemente, tem sido usado, desde os dias de Spallanzani, como um indicador biológico e a taxa de movimento para a frente no Paramecium é afetada por mudanças na temperatura (Glaser, 1924). Lyngbya, Amoeba, Harpecticoid e Nematodas foram representados apenas na fonte de água quente intermédia. As espécies mais abundantes incluem-se nos heliozoários de protistas. Só foram observados heliozoários com grandes axópodes. Quando se comparam os três locais, as espécies de paramécios foram os microrganismos mais proeminentes na água. Mas as densidades populacionais de Paramecium sp. diminuíram em relação ao aumento da temperatura. As temperaturas causaram maiores declínios nas populações de Paramecium, maiores flutuações no tamanho da população e maior incidência de extinção (Duncan, 2011).

De acordo com os resultados do presente estudo, estes parâmetros biológicos podem ser utilizados como um estudo de base das fontes termais no Sri Lanka. Além disso, os microrganismos nocivos para os seres humanos não foram registados na fonte termal de Mahapelessa.

CAPÍTULO 5

Conclusão

De acordo com os resultados e as comparações, a temperatura, o pH e o oxigénio dissolvido da fonte termal não sofreram alterações significativas com o tempo. Mas o nitrato e o fosfato diminuíram um pouco com o tempo e a condutividade aumentou em relação ao início. Apenas a temperatura da fonte termal foi diferente da outra fonte termal intermédia e todos os outros parâmetros foram praticamente iguais em ambas as fontes termais.

O pH foi apenas um parâmetro do poço normal, sem qualquer diferença entre as outras nascentes. Além disso, o nitrato, o fosfato e o oxigénio dissolvido eram mais elevados e os outros parâmetros eram mais baixos do que os das fontes termais. Assim, as fontes termais são totalmente diferentes do poço normal.

Vários tipos de microorganismos de água doce vivem nas fontes termais e também no poço normal. As espécies de Paramecium que foram identificadas nos três locais têm uma elevada tolerância para viver na água em várias condições. Mas a água de um poço normal foi o melhor ambiente para Paramecium sp.

As condições ambientais da fonte termal intermédia eram mais favoráveis à vida de Actinosphaerium sp. e também de Lyngbya sp., Amoeba sp., Harpecticoid e Nematodes.

CAPÍTULO 6

Sugestões e recomendações

O tempo foi um fator muito limitativo para esta investigação. Assim, não havia qualquer possibilidade de medir todos os parâmetros dentro desse período. Ao considerar as medições físico-químicas na fonte termal, algum tipo de outro ião pode afetar o resultado. Por isso, um estudo completo é muito importante para encontrar o resultado completo das fontes.

A existência de dados contínuos durante um longo período de tempo é muito útil para encontrar razões para as alterações de nitrato, fosfato e oxigénio dissolvido nas fontes termais com o tempo. Também os estudos geológicos e químicos são importantes para descobrir que a condutividade aumenta com o tempo nas fontes termais.

A biodiversidade das fontes termais é outro fator importante. No entanto, não foram efectuados quaisquer estudos sobre a diversidade biológica das nascentes de água quente no Sri Lanka. Assim, um estudo biológico completo é útil para encontrar novos registos biológicos sobre fontes termais no Sri Lanka. Pode ser usado como uma linha de base para o levantamento biológico das fontes termais.

Referências

Ainon, H., 2006. Biological Characterization of Rhodomicrobium vannielii Isolated from a Hot Spring at Gadek, Malacca, Malaysia (Caracterização biológica de Rhodomicrobium vannielii isolado de uma fonte termal em Gadek, Malaca, Malásia). Jornal de Microbiologia da Malásia, 2(1), pp.15-21.

Anónimo, 1993. Determinação espectrofotométrica de sulfureto ao nível de 10-6 mol l-1 por formação de tiocianato e sua extração por solvente com azul de metileno. ANALYTICAL SCIENCES, 9, pp.487-92.

Anon., 2004. Guia de identificação de microorganismos de água doce. [Em linha] Núcleo de Matemática/Ciência Disponível em: www.msnucleus.org/watersheds/mission/plankton.pdf [Acedido em 30 de setembro de 2013].

Anónimo, 2013. O Complexo Kadugannawa - Limite do Complexo das Terras Altas é um contacto de transição? Actas da 29ª Sessão Técnica da Sociedade Geológica do Sri Lanka, pp.33-36.

Anónimo, 2013. Caraterísticas de distribuição espacial da água quente subterrânea avaliadas através de dados de concentração da qualidade da água. Revista Internacional de GEOMATE, 5(1), pp.666-671.

APHA, 1985. Standard methods for the examination of water and wastewater. 16ª ed. Washington.

Athurupana, B. M. B., Perera, L. R. K., 2013. O Complexo Kadugannawa - Limite do Complexo das Terras Altas é um Contacto de Transição? Actas da 29ª Sessão Técnica da Sociedade Geológica do Sri Lanka, pp.33-36.

Auinger, B. M., Pfandl, K., Boenigk, J., 2008. Metodologia melhorada para a identificação de protistas e microalgas a partir de amostras de plâncton preservadas em solução de iodo de Lugol: Combining

Microscopic Analysis with Single-Cell PCR. microbiologia aplicada e ambiental, 74(8), pp.2505-2510.

Bakker, M., 1999. Utilizações múltiplas da água em áreas irrigadas: Um estudo de caso do Sri Lanka. Documento SWIM 8. Colombo, Sri Lanka: Instituto Internacional de Gestão da Água.

Barnby, M. A., 1987. Regulação osmótica e iónica de duas espécies de moscas da salmoura (Deptera: Ephydridae) de uma fonte termal salina. Physiology Zoology, 60(3), pp.327-38.

Bellinger, E. G. e Sigee, C., 2010. A Key to the More Frequently Occurring Freshwater Algae   [Online] John Wiley & Sons, Ltd Disponível em:
www.ces.iisc.ernet.in/energy/stc/.of./keys_freshwater_algae.pdf [Acedido em 11 de outubro de 2013].

Birge, E. A. A. e Juday, C., 1911. Os gases dissolvidos da água e o seu significado biológico.

Conselho de Investimento, S. L., 2011. Normas ambientais. [Em linha] Disponível em: www.investsrilanka.com/pdf/environmental_norms.pdf [Acedido em 13 de outubro de 2013].

Brock, T. D., 1970. Sistemas de alta temperatura. Ann. Rev. Ecol. Syst, 1, pp.191-220.

Brown, A. L.,   1970. Key to pond organisms.   [Online] Disponível em:
http://www.nationalstemcentre.org.uk/ [Acedido em 11 de outubro de 2013].

Brues, C. T., 1928. Studies on the Fauna of Hot Springs in the Western United States and the Biology of Thermophilous Animals". Actas da Academia Americana de Artes e Ciências, 63(4), pp.139-228.

Canter-Lund, H. & Lund, J. W. G., 1995. Freshwater Algae, Their microscopic world explored (Algas de água doce, o seu mundo microscópico explorado). Bristol: Biopress Ltd.

Chandrajith, R., 2013. Caracterização geoquímica e isotópica de águas geotérmicas de nascente no Sri Lanka: Evidência de gradientes geotérmicos mais acentuados do que o esperado. Jornal de Hidrologia, 476, pp.360-69.

Chu, S. P., 1943. The influence of chemical composition of the medium on the grouth of planktonic algae part 2: The influence of concentration of inorganic nitrogen and phosphates phosphorus. J. Ecol, 31, pp.8-148.

Debnath, M., 2009. O Estudo da Flora de Cianobactérias das Fontes Geotérmicas de Bakreswar West Bengal, Índia. Algae, 24(4), pp.185-93.

Dharmapriya, P. L., 2013. Curiosas Texturas Simplecíticas Associadas à Khondalite: O Complexo Central das Terras Altas, Sri Lanka. Actas da 29ª Sessão Técnica da Sociedade Geológica do Sri Lanka, pp.49-52.

Dissanayake, C. B., Weerasooriya, S.V.R., 1985. The hydrogeochemical atlas of sri lanka. Colombo: Autoridade de Recursos Naturais, Energia e Ciência do Sri Lanka.

Dodsworth, J. A., 2011. Oxidação de amoníaco, desnitrificação e redução dissimilatória de nitrato a amónio em duas fontes termais da bacia do grau dos EUA com abundantes arqueias oxidantes de amoníaco. Microbiologia Ambiental, 13(8), pp.2371-2386.

Doyere, P., 1942. Memórias sobre os Tardígrados. 18ª ed.

Drouet, F., 1938. Myxophyceae of the Yale North India Expedition. Índia.

Duncan, A. B., 2011. A variação temporal da temperatura determina a propagação e manutenção da doença em populações de microcosmos de Paramecium. Em Proceedings of the Royal Society *B*. Universite' Montpellier 2, Place Eugene Bataillon,34095 Montpellier cedex 05, França, 2011. Instituto de Ciências da Evolução (ISEM).

Elenkin, A. A., 1914. Uber die Thermophilen Algae-formationen.

Eletta, O. A. A., 2005. Estudos das propriedades físicas e químicas da água do rio Asa, estado de Kwara, Nigéria. Science Focus Vol., 10(1), pp.72 - 76.

Entwisle T. J., Sonneman J. A., e Lewis S. H., 1997. Freshwater Algae in Australia (Algas de água doce na Austrália). Austrália: Sainty and Associates Pty Ltd.

Evans, A. e Jinapala, K., 2010. Em Actas da Conferência Nacional sobre Água, Segurança Alimentar e Alterações Climáticas no Sri Lanka. BMICH, Colombo, 2010.

Ezeribe, A. I., 2012. Propriedades físico-químicas de amostras de águas de poços de algumas aldeias na nigéria com casos de dentes manchados e mosqueados. Science World Journal, 7(1).

Fernando, C. H. e Weerawardhena, S. R., 2002. Sri Lanka freshwater fauna and fisheries. Colombo: Fernando, C.H. e colaboradores.

Fonseka, G. M., 1994. Geothermal system in Sri Lanka and Exploration of Geothermal Energy. Journal of the Geology Science of Sri Lanka, v (5), pp.127-133.

Fonseka, G. M., 1995. Fonte de Calor e Energia Geotérmica. Em K. Dahanayaka, ed. Hand book on Geology and Mineral Resources of Sri Lanka.

Fournier, R. O., 1974. Indicadores geoquímicos da temperatura subsuperficial-^parte 2, estimativa da tempe ratura e fração de água quente misturada com água fria. Jour. Research U.S. Geol. Survey, 2(3), pp.263-270.

Gilbert, G. K., 1975. Localities of thermal springs in the United States (Localidades de nascentes termais nos Estados Unidos). 3ª ed. Washington.

Glaser, O., 1924. Temperature and forward movement of paramecium. 7(2), pp.177-188.

Gonzalves, E. A., 1947. A flora de algas das fontes termais de Vajreswari perto de Bombaim. Bombay.

Goswami, S. C., 2004. *Zooplankton Methodology, Collection & Identification - a field Manual*. [Em linha] Instituto Nacional de Oceanografia Disponível em: drs.nio.org/drs/bitstream/2264/95/1/Zooplankton_Manual.pdf [Acedido em 10 de setembro de 2013].

Gupta, N., 2013. Avaliação das propriedades físico-químicas do rio Yamuna na cidade de Agra. *Revista Internacional de Investigação Química*, 5(1), pp.528-31.

Haki, G. D., 2012. Propriedades físico-químicas das águas de algumas fontes termais da Etiópia e o risco para a saúde da comunidade. *Greener Journal of Physical Sciences*, 2(4), pp.138-140.

Haziri, A., 2009. Physical-Chemical Characteristics of Mineral Waters of some Wells in the Region of East Kosova (Caraterísticas Físico-Químicas das Águas Minerais de alguns Poços na Região de Kosova Oriental). *J. Int. Environmental Application & Science*, 4(2), pp.177-80.

Hoeppli, R. J. C., 1931. *Vida animal em águas termais*. 6ª ed. Peking Nat.

Hofmanner, B. e Menzel, R., 1915. Die freilebenden nematoden der schweiz. 23ª ed.

Homma, A., 2008. Caraterísticas químicas da água termal e do ambiente geológico na zona mais setentrional da linha tectónica Itoigawa Shizuoka. Bull. Earthq. Res. Inst., 83, pp.217-225.

Hotzel, G. e Croome, 1999. A Phytoplankton Methods Manual for Australian Freshwaters. Wodonga: Land and Water Resources Research and Development Corporation.

Issel, R., 1908. Sulla biologia termale.

Kajisa, T., 2013. Caraterísticas da distribuição espacial da água quente subterrânea avaliadas com base em dados de concentração da qualidade da água. Int. J. of GEOMATE, 5(1), pp.666-671.

Kotadiya, N. G., 2013. Correlação da diversidade e densidade do plâncton com parâmetros físico-químicos no lago Ghuma, zona rural de Ahmedabad. Science, 2(7), pp.175-178.

Kresse, T. M. e Hay., 2011. Geoquímica, análise comparativa e caraterísticas físicas e químicas das águas termais a leste do Parque Nacional de Hot Springs, Arkansas, 2006-09. Relatório de Investigações Científicas do Serviço Geológico 2009-5263.

Krienitz, L., 2003. Contribuição das cianobactérias de fontes termais para a morte misteriosa de flamingos-pequenos no Lago Bogoria, Quénia. *FEMS Microbiology Ecology*, 43, p.141ᴬ 148.

Kruse, F. A., 1997. Caracterização de ambientes de fontes termais activas utilizando deteção remota multiespectral e hiperespectral. Em *Twelfth International Conference and Workshops on applied Geologic Remote Sensing*. Denver, Colorado, 1997.

Lebedeva, E. V., 2005. Bactérias nitrificantes moderadamente termofílicas de uma fonte termal da zona de fissura do Baikal. *FEMS Microbiology Ecology*, 54, pp.297-306.

Leonard. R. B., 1988. *Evaluation of a Hydrothermal Anomaly Near Ennis, Montana*. [Em linha] United States Government Printing office, Washington Disponível em: http://books.google.lk/books?id=Yr5UAAAAYAAJ&printsec=frontcover#v=onepage&q &f=false [Acedido em 12 de outubro de 2013].

Mason, I. L., 1939. *Estudos sobre a fauna de uma fonte termal argelina*.

Mazibuko, P. M., n.d. Uma avaliação dos impactos da utilização de fontes termais na qualidade da água na Suazilândia.

Meinzer, O. F., 1923. *Esboço de hidrologia de águas subterrâneas com definições*. Water Supply Paper. U. S. Geological Survey.

Myers, P., 2013. *Animal Diversity Web*. [Em linha] Disponível em: http://animaldiversity.org. [Acedido em 20 de outubro de 2013].

Nanthini, T., 2001. Algumas caraterísticas físico-químicas da água subterrânea em alguns poços de abastecimento de água (selecionados) na Península de Jaffna. J.Natn.Sci.Foundation, 29(1 & 2), pp.81-95.

Naresh, K., 2013. Estudar as propriedades físico-químicas e o exame bacteriológico da água termal da região de Vashisht em Distt. Kullu de HP, Índia. Revista Internacional de Investigação em Ciências do Ambiente, 2(8), pp.28-31.

Okeola, F. O., 2010. Estudo comparativo dos parâmetros físico-químicos da água de um rio e dos poços circundantes para um possível efeito interativo. Avanços em Biologia Ambiental, 4(3), pp.336-40.

Olivier, J., 2008. Caraterísticas físicas e químicas das nascentes termais na área de Waterberg na Província do Limpopo, África do Sul. Water SA, 34, pp.163-74.

Orange, F., 2013. Simulação experimental da formação de sílica sinterizada por evaporação e silicificação microbiana em sistemas de fontes termais. ASTROBIOLOGY, 13(2), pp.163-76.

Pathak, A.P., Rekadwad, B. N., 2011. Primeiro relatório sobre a análise físico-química da nascente de água quente de unkeshwar localizada em maharashtra, Índia. Jornal Internacional de Ciências Químicas e Aplicações, 2(3), pp.169-171.

Piyadasa, R. U. K., Ariyasena, P.R. E.R., 2011. Hydrogeological Characteristics in the Geothermal Springs in Sri Lanka (A case study of the Madunagala and K inniya geothermalsprings)   [Online] Department of Geography Available at:
http://www.cmb.ac.lk/hydrogeological-characteristics-in-the-geothermal-springs-in-sri-   lanka-a-case-study-of-the-madunagala-and-kinniya-geothermal-springs/ [Acedido em 24 de setembro de 2013].

Ranasinghe, P. N., 2005. The source of hot springs and Mahapelessa hot spring. Gabinete de Turismo de Ruhunu. Galle, pp.01-16.

Reed, R. H., 2000. Desinfeção solar foto-oxidativa da água potável: observações preliminares no terreno. Cartas em Microbiologia Aplicada, 30, p.432-436.

Reed, R. H., Mani, S. K. & Meyer, V., 1999. Solar photo-oxidative disinfection of drinking water: preliminary field observations. [Online] John Wiley & Sons Disponível em: http://onlinelibrary.wiley.com/doi/10.1046/j.1472-765x.2000.00741.x/full [Acedido em 16 de novembro de 2013].

Rose, S. e Long., 1988. Monitorização do oxigénio dissolvido nas águas subterrâneas: algumas considerações básicas. Ground water monitoring review, 8(1), pp.93-97.

Saha, S. K., 1993. Freshwater Biology study series 1:Limnology of Thermal Springs. Nova Deli: Narendra Publishing House.

Sajeev, K., 2007. Extreme Crustal Metamorphism during a Neoproterozoic Event in Sri Lanka: Um Estudo de Granulitos Máficos Secos. The *Journal of Geology*, 115, pp.563-82.

Sandercock, G. A., 1994. An introduction and key to the freshwater calanoid copepods (crustacea) of british Colúmbia Britânica.   [Online] Disponível em: www.ilmb.gov.bc.ca/risc/o_docs/aquatic/calanoid/assets/final.pdf [Acedido em 13 de outubro de 2013].

Sanjeev, K., 2007. Extreme Crustal Metamorphism during a Neoproterozoic Event in Sri Lanka: Um Estudo de Granulitos Máficos Secos. The journal of Geology, 115, pp.563-582.

Santos, K. R. D. S., 2013. Staurastrum pantanale sp. nov. (Zygnematophyceae, Desmidiaceae), uma nova espécie de desmídeo do Pantanal brasileiro. Phytotaxa, 90(1), pp.54-60.

Saussure, H. B., 1976. Voyages dans les Aples. Historie naturelle des environs de geneve, 4, pp.4-8.

Schwade, G. H., 1936. Beitrange zur Kenntnis islandischer Thermalbiotope. Hydrobiol, 6, pp.161-175.

Schwarz, E. A., 1914. Besouros aquáticos, especialmente Hydroscaphs, em fontes termais no Arizona. Wash.

Sen, S. K., 2010. Caracterização de clones de bactérias isoladas de fontes de água quente e sua aplicabilidade industrial. Jornal Internacional de Investigação Química, 2(1), pp.01-07.

Setchell, W. A., 1903. Os limites superiores de temperatura da vida. Science, 17, pp.934-937.

Singh, 2010. Propriedades físico-químicas de amostras de água do sistema fluvial de Manipur, Índia. J. Appl. Sci. Environ. Manage, 14(4), pp.85 - 89.

Sonnerat, P., 1974. Observation d' um phenomene singulier surdes poisson qui vivent dans une eau qui a soixanteneuf degree chaleur. Jornal de Física, 3, pp.256-57.

Steunou, A. S., 2006. Análise in situ da fixação de azoto e da mudança metabólica em cianobactérias termófilas unicelulares que habitam tapetes microbianos de fontes termais. PNAS, 103(7), pp.2398-403.

Stoner, D., 1923. Insectos apanhados em fontes termais. Notícias, 34, pp.88-90.

Tilney, L. G., 1968. Estudos sobre os microtúbulos em heliozoários. J. Cell Sci., 3, pp.549-562.

USEPA, 2006. Manual de Monitorização Voluntária de Estuários, Capítulo 14: Salinidade. EPA-842-B-06-003.

Uyemura, M., 1936. Biological stidies of thermal waters of Japan. Ecol, 4(2), p.171.

van Vuuren, S. J., 2006. Easy identification of the most common fresh water algae. A guide for the identification of microscopic algae in South African freshwaters. [Online] Disponível em   :

http://www.dwaf.gov.za/iwqs/eutrophication/NEMP/Janse_van_Vuuren_2006_Easy_iden
tification_of_the_most_common_freshwater_algae.pdf [Acedido em 11 de outubro de 2013].

Departamento de Saúde de Vermont, n.d. Cyanobacteria (Blue-green Algae) Guidance for Vermont Communities   [em   linha] :
healthvermont.gov/enviro/bg_algae/documents/BGA_guide.pdf [Acedido em 9 de outubro de 2013].

Villadolid, D. V., Panganibam, P. e Megia, T. G., 1954. O papel do pH na fertilização de tanques. Indo Pac. Fish. Proc. do Conselho, 5, pp.109-111.

Vouk, V., 1923. Die probleme der biologie der thermen.

Wagner, C., 2009. Dominância de cianobactérias: Quantificação dos efeitos das alterações climáticas. *Limnol. Oceanogr.,* 54(6, parte 2), pp.2460-68.

OMS, 1996. Critérios de saúde e outras informações de apoio. *Qualidade da água potável,* 2.

Wichterman, R., 1986. *The biology of Paramecium.* 2ª ed. Nova Iorque: Plenum Press.

Witty, L. M., 2004. *Practical Guide to Identifying Freshwater Crustacean Zooplankton.* [Em linha] Unidade Cooperativa de Ecologia de Água Doce Disponível em: www3.laurentian.ca/./wp./06/Zooplankton-Guide-to-Taxonomy.pdf [Acedido em 5 de outubro de 2013].

Yaqoob, M., 1998. Determinação espectrofotométrica de sulfureto utilizando a análise por injeção em fluxo. *Journal of Chem.soc.pak,* 20(3), pp.214-16.

Yeatts, D. S., 2006. *Caraterísticas das nascentes termais e do sistema de águas subterrâneas pouco profundas no Parque Nacional de Hot Springs, Arkansas.* Serviço Geológico dos EUA, Reston, Virgínia.

I want morebooks!

Buy your books fast and straightforward online - at one of world's fastest growing online book stores! Environmentally sound due to Print-on-Demand technologies.

Buy your books online at
www.morebooks.shop

Compre os seus livros mais rápido e diretamente na internet, em uma das livrarias on-line com o maior crescimento no mundo! Produção que protege o meio ambiente através das tecnologias de impressão sob demanda.

Compre os seus livros on-line em
www.morebooks.shop

info@omniscriptum.com
www.omniscriptum.com

Printed by Books on Demand GmbH, Norderstedt / Germany